宁波市工程建设地方细则

宁波市土工试验技术细则

Regulations for geotechnical laboratory testing technology of Ningbo

2018 甬 DX-02

主编单位:宁波市轨道交通集团有限公司
　　　　　浙江省工程勘察院
　　　　　宁波冶金勘察设计研究股份有限公司
参编单位:浙江省工程物探勘察院
　　　　　宁波宁大地基处理技术有限公司
　　　　　宁波大学
　　　　　宁波市岩土工程有限公司
　　　　　宁波市交通规划设计研究院有限公司
　　　　　宁波工程学院
批准部门:宁波市住房和城乡建设委员会
实施日期:2018 年 3 月 1 日

浙江工商大
ZHEJIANG GONGSHANG UNIVERSITY PRESS

图书在版编目(CIP)数据

宁波市土工试验技术细则 / 宁波市住房和城乡建设委员会发布. —杭州：浙江工商大学出版社，2018.6
ISBN 978-7-5178-2803-7

Ⅰ.①宁… Ⅱ.①宁… Ⅲ.①土工试验－技术规范－宁波 Ⅳ.①TU41-65

中国版本图书馆 CIP 数据核字(2018)第 138218 号

宁波市土工试验技术细则
宁波市住房和城乡建设委员会 发布

责任编辑	张婷婷	
封面设计	林朦朦	
责任印制	包建辉	
出版发行	浙江工商大学出版社	

(杭州市教工路 198 号　邮政编码 310012)
(E-mail:zjgsupress@163.com)
(网址:http://www.zjgsupress.com)
电话:0571-88904980,88831806(传真)

排　　版	杭州朝曦图文设计有限公司	
印　　刷	杭州恒力通印务有限公司	
开　　本	850mm×1168mm　1/32	
印　　张	9.875	
字　　数	247 千	
版 印 次	2018 年 6 月第 1 版　2018 年 6 月第 1 次印刷	
书　　号	ISBN 978-7-5178-2803-7	
定　　价	58.00 元	

宁波市住房和城乡建设委员会文件

甬建发〔2018〕16 号

宁波市住房和城乡建设委员会关于发布
《宁波市土工试验技术细则》的通知

各区县（市）住房和城乡建设行政主管部门，各有关单位：

为规范我市工程勘察工作，统一土工试验技术，结合宁波地方工程特点，由宁波市轨道交通集团有限公司、浙江省工程勘察院、宁波冶金勘察设计研究股份有限公司等主编的《宁波市土工试验技术细则》已通过专家评审验收，现予批准发布，编号为2018甬DX-02，自2018年3月1日起施行。

本细则由宁波市住房和城乡建设委员会负责管理，编制单位负责具体技术内容的解释。

宁波市住房和城乡建设委员会

2018 年 1 月 30 日

前　　言

　　根据宁波市住房城乡建设工作需要,在参照有关现行国家和地方标准、规范及规程的基础上,通过广泛调查研究、认真分析总结宁波市土工试验实践经验,并广泛征求勘察、设计、施工、科研和建设管理部门的意见,经反复讨论、修改,制定了本细则。

　　本细则既注重与《土工试验方法标准》(GB/T 50123)、《铁路工程土工试验规程》(TB 10102)、《水电水利工程土工试验规程》(DL/T 5355)和《公路土工试验规程》(JTG E40)等相关规范标准的协调、衔接,又突出了宁波软土地区的地方特色,在宁波软土地区基准基床系数试验方法、宁波地区人工冻土物理力学指标、宁波市土工试验指标差异性分析、剪切速率对黏性土强度的影响等专题研究基础上,明确了基床系数、热物理指标等试验方法以及三轴法测静止侧压力系数的试验操作步骤;提出了适宜宁波地区饱和软土的直剪固结快剪试验剪切速率;细化了部分试验方法。体现了客观性、科学性。

　　本细则共分为 23 章、4 个附录和条文说明,内容包括:1. 总则;2. 术语和符号;3. 试样制备;4. 含水率试验;5. 密度试验;6. 比重试验;7. 颗粒分析试验;8. 界限含水率试验;9. 渗透试验;10. 固结试验;11. 直接剪切试验;12. 无侧限抗压强度试验;13. 三轴压缩试验;14. 静止侧压力系数试验;15. 弹性模量试验;16. 基床系数试验;17. 砂的相对密度试验;18. 击实试验;19. 土的承载比(CBR)试验;20. 振动三轴试验;21. 热物理试验;22. 人工冻土试验;23. 土的化学试验;附录和条文说明。

　　本细则由宁波市住房和城乡建设委员会负责管理,宁波市轨道交通集团有限公司、浙江省工程勘察院、宁波冶金勘察设计研究股份有限公司等编制单位负责具体内容的解释。为了提高本细则质量,请各单位在执行过程中,结合工程实践,总结经验,积累资料,并将意见和建议寄至:宁波市海曙区丽园南路501号地质大厦主楼浙江省工程勘察院《宁波市土工试验技术细则》编制组,邮编315012,以供修编时参考。

主编单位:宁波市轨道交通集团有限公司

　　　　　浙江省工程勘察院

　　　　　宁波冶金勘察设计研究股份有限公司

参编单位:(排名不分先后)

　　　　　浙江省工程物探勘察院

　　　　　宁波宁大地基处理技术有限公司

　　　　　宁波大学

　　　　　宁波市岩土工程有限公司

　　　　　宁波市交通规划设计研究院有限公司

　　　　　宁波工程学院

主要起草人:陈　斌　潘永坚　张俊杰

　　　　　（以下按姓氏笔画排列）

毛艳辉	叶荣华	叶　薇	刘干斌	李　俊
李永东	应永法	张立勇	张永达	张春进
陈　忠	林乃山	胡忠全	姚光明	姚燕明
秦卫锋	唐　江	盛初根	彭　娟	蒋安夫
程顺利	楼希华	蔡伟忠	蔡国成	潘旭东

主要审查人:顾国荣　张湘皖　李　强　王小军　饶　猛

　　　　　叶胜朝　印文东

目　次

1 总则 ……………………………………………………… 1

2 术语和符号 ………………………………………………… 2

　2.1 术语 …………………………………………………… 2

　2.2 符号 …………………………………………………… 7

3 试样制备 …………………………………………………… 11

4 含水率试验 ………………………………………………… 23

　4.1 一般规定 ……………………………………………… 23

　4.2 烘干法 ………………………………………………… 23

5 密度试验 …………………………………………………… 25

　5.1 一般规定 ……………………………………………… 25

　5.2 环刀法 ………………………………………………… 25

6 比重试验 …………………………………………………… 26

　6.1 一般规定 ……………………………………………… 26

　6.2 比重瓶法 ……………………………………………… 26

　6.3 浮称法 ………………………………………………… 29

　6.4 虹吸筒法 ……………………………………………… 30

7 颗粒分析试验 ……………………………………………… 33

　7.1 一般规定 ……………………………………………… 33

　7.2 筛析法 ………………………………………………… 33

　7.3 密度计法 ……………………………………………… 37

　7.4 移液管法 ……………………………………………… 42

8 界限含水率试验 …………………………………………… 46

　8.1 一般规定 ……………………………………………… 46

　8.2 液塑限联合测定法 …………………………………… 46

　8.3 圆锥仪液限测定法 …………………………………… 49

8.4　滚搓法塑限试验 ·················· 50

9　渗透试验 ························· 51

　9.1　一般规定 ·················· 51

　9.2　常水头渗透试验 ·············· 53

　9.3　变水头渗透试验 ·············· 55

10　固结试验 ······················ 57

　10.1　一般规定 ················· 57

　10.2　标准固结试验 ·············· 57

　10.3　快速固结试验 ·············· 64

11　直接剪切试验 ··················· 66

　11.1　一般规定 ················· 66

　11.2　仪器设备 ················· 66

　11.3　慢剪试验 ················· 67

　11.4　固结快剪试验 ·············· 69

　11.5　快剪试验 ················· 70

12　无侧限抗压强度试验 ·············· 71

　12.1　一般规定 ················· 71

　12.2　仪器设备 ················· 71

　12.3　操作步骤 ················· 72

　12.4　计算、制图和记录 ············ 74

13　三轴压缩试验 ··················· 76

　13.1　一般规定 ················· 76

　13.2　仪器设备 ················· 76

　13.3　不固结不排水剪试验 ·········· 79

　13.4　固结不排水剪试验 ············ 82

　13.5　固结排水剪试验 ············· 86

　13.6　一个试样多级加荷试验 ········· 88

14　静止侧压力系数试验 ·············· 90

　14.1　一般规定 ················· 90

14.2 仪器设备 ……………………………………… 90

14.3 操作步骤 ……………………………………… 91

14.4 计算、制图和记录 …………………………… 93

15 弹性模量试验 …………………………………… 95

15.1 一般规定 ……………………………………… 95

15.2 仪器设备 ……………………………………… 95

15.3 操作步骤 ……………………………………… 96

15.4 计算、制图和记录 …………………………… 96

16 基床系数试验 …………………………………… 98

16.1 一般规定 ……………………………………… 98

16.2 K_0 固结仪法 ………………………………… 98

16.3 固结试验计算法 ……………………………… 99

16.4 应力加荷法(三轴仪法) …………………… 100

17 砂的相对密度试验 ……………………………… 102

17.1 一般规定 ……………………………………… 102

17.2 砂的最小干密度试验 ………………………… 102

17.3 砂的最大干密度试验 ………………………… 104

18 击实试验 ………………………………………… 106

18.1 一般规定 ……………………………………… 106

18.2 仪器设备 ……………………………………… 106

18.3 操作步骤 ……………………………………… 108

18.4 计算、制图和记录 …………………………… 109

19 土的承载比(CBR)试验 ………………………… 111

19.1 一般规定 ……………………………………… 111

19.2 仪器设备 ……………………………………… 111

19.3 操作步骤 ……………………………………… 113

19.4 计算、制图和记录 …………………………… 115

20 振动三轴试验 …………………………………… 117

20.1 一般规定 ……………………………………… 117

3

20.2 仪器设备 ·· 117

20.3 操作步骤 ·· 118

20.4 计算、制图和记录 ····································· 122

21 热物理试验 ··· 127

21.1 一般规定 ·· 127

21.2 面热源法导热系数试验 ······························· 127

21.3 平板热流计法导热系数试验 ·························· 128

21.4 比热容试验 ·· 129

22 人工冻土试验 ·· 131

22.1 一般规定 ·· 131

22.2 冻结温度试验 ··· 131

22.3 冻土含水率试验 ······································· 133

22.4 冻土密度试验 ··· 136

22.5 冻土导热系数试验 ····································· 138

22.6 人工冻土直接剪切试验 ······························· 140

22.7 冻胀率试验 ·· 142

22.8 人工冻土单轴抗压强度试验 ·························· 145

22.9 人工冻土抗折强度试验 ······························· 147

22.10 人工冻土融化压缩试验 ······························ 149

22.11 人工冻土单轴蠕变试验 ······························ 152

23 土的化学试验 ·· 156

23.1 有机质试验——灼失量法 ···························· 156

23.2 酸碱度试验 ·· 157

23.3 易溶盐试验——总量测定 ···························· 158

23.4 易溶盐试验——碳酸根和重碳酸根的测定 ·········· 161

23.5 易溶盐试验——氯根的测定 ·························· 163

23.6 易溶盐试验——硫酸根的测定（EDTA 络合容量法） ······ 165

23.7 易溶盐试验——硫酸根的测定（比浊法）············ 169

23.8 易溶盐试验——硫酸根的测定（重量法）············ 171

23.9　易溶盐试验——钙离子的测定 ……………………… 172

23.10　易溶盐试验——镁离子的测定 ……………………… 174

23.11　易溶盐试验——钙离子和镁离子的原子吸收分光光度测定

　　　　…………………………………………………………… 175

23.12　易溶盐试验——钠离子和钾离子的测定 …………… 177

23.13　中溶盐(石膏)试验 ……………………………………… 179

23.14　难溶盐(碳酸钙)试验 ………………………………… 181

附录 A　土工试验成果的整理与试验报告 ………………… 186

附录 B　细则用词说明 ………………………………………… 189

附录 C　土样的要求与管理 ………………………………… 190

附录 D　各项试验记录表格 ………………………………… 192

条文说明 …………………………………………………………… 243

1 总则

1.0.1 为统一宁波市的土工试验方法及技术要求,使试验成果具有一致性和可比性,为工程设计和施工提供可靠的计算指标和参数,特制定本细则。

1.0.2 本细则适用于宁波市房屋建筑、市政工程等地基土及填筑土料的基本工程性质试验。

1.0.3 本细则将土分为粗粒土和细粒土两类,土的名称可参照现行浙江省地方标准《工程建设岩土工程勘察规范》(DB33/1065)。

1.0.4 土工试验资料的整理,应对试验测得的数据进行相关性分析。试验成果的资料整理应符合附录 A 的相关要求。

1.0.5 土工试验仪器、设备,应按现行国家标准的基本参数及通用技术条件采用,并定期按规定进行检定和校准。

1.0.6 土工试验方法除应符合本细则要求外,尚应符合国家和行业现行相关标准的规定。

2 术语和符号

2.1 术 语

2.1.1 土试样 *soil specimen*
用于试验的具有代表性的土样。

2.1.2 含水率 *water content*
土中水的质量与土颗粒质量的比值,以百分率表示。

2.1.3 密度 *density*
单位体积土的质量。

2.1.4 重度 *unit weight*
单位体积土的重量,又称重力密度或容重。

2.1.5 土粒比重 *specific gravity of soil particle*
土颗粒在105℃～110℃烘至恒量时的质量与同体积4℃纯水质量的比值。

2.1.6 孔隙率 *porosity*
土的孔隙体积与土总体积的比值,以百分率表示。

2.1.7 孔隙比 *void ratio*
土的孔隙体积与固体颗粒体积的比值。

2.1.8 饱和度 *degree of saturation*
土的孔隙水的体积与孔隙体积的比值。

2.1.9 饱和土 *saturation soil*
土体孔隙被水充满的土。

2.1.10 非饱和土 *unsaturation soil*
土体孔隙未被水充满的土或三相土。

2.1.11 液限 *liquid limit*

细粒土流动状态与可塑状态间的界限含水率。

2.1.12　塑限　*plastic limit*

细粒土可塑状态与半固体状态间的界限含水率。

2.1.13　塑性指数　*plasticity index*

土呈可塑状态时含水率变化范围,代表土的可塑程度,为液限与塑限的差值,去除百分号。

2.1.14　液性指数　*liquidity index*

土抵抗外力的量度,为天然含水率和塑限之差与液限和塑限之差的比值。

2.1.15　相对密度　*relative density*

无黏性土(如砂类土)最大孔隙比 e_{max} 与天然孔隙比 e_0 之差和最大孔隙比 e_{max} 与最小孔隙比 e_{min} 之差的比值,可反映无黏性土的紧密程度。

2.1.16　最大干密度　*maximum dry density*

击实或压实试验所得的干密度与含水率关系曲线上峰值点所对应的干密度。

2.1.17　最优含水率　*optimum moisture content*

击实试验所得的干密度与含水率关系曲线上峰值点所对应的含水率。

2.1.18　压实度　*degree of compaction*

填土的压实程度,又称压实系数。为填土压实后的干密度与相应试验室标准击实试验所得最大干密度的比值,或可用百分比表示。

2.1.19　渗透系数　*coefficient of permeability*

土中水渗流呈层流状态时,其流速与作用水力梯度成正比关系的比例系数。

2.1.20　压缩系数　*coefficient of compressibility*

在压缩试验中,土试样的孔隙比减小量与有效压力增加量的比值,即 e～p 压缩曲线上某压力段的割线斜率,以绝对值表示。

2.1.21 压缩指数 compression index

压缩试验所得土孔隙比与有效压力对数值关系曲线上直线段的斜率。

2.1.22 土的压缩模量 constrained modulus of soil

反映土在侧限条件下受荷单向压缩时土体对压缩变形的抵抗能力 m 为竖向应力增量与竖向应变增量的比值。

2.1.23 土的泊松比 poisson's ratio of soil

土在无侧限条件下加载时侧向应变与竖向应变的比值。

2.1.24 回弹指数 swelling index

压缩试验时卸荷回弹所得的孔隙比与有效压力对数值关系曲线的平均斜率。

2.1.25 回弹模量 rebound modulus

压缩试验时卸荷回弹曲线的斜率。

2.1.26 固结 consolidation

饱和土在压力作用下,孔隙水逐渐排出,土体积随之减小的过程。

2.1.27 单向固结 one-dimensional consolidation

饱和土体中孔隙水只沿一个方向排出,土的压缩也只在一个方向(通常为竖直方向)的固结。

2.1.28 主固结 primary consolidation

饱和土受压力后,随孔隙水的排出孔隙水压力逐渐消散至零,有效应力相应增加,体积逐渐减小的过程。

2.1.29 次固结 secondary consolidation

饱和黏性土在完成主固结后,土体积仍随时间减小的过程。

2.1.30 K_0 固结 K_0-consolidation

土体在不允许侧向变形条件下的固结。

2.1.31 固结度 degree of consolidation

饱和土层或土样在某一荷载下的固结过程中,某一时刻的孔隙水压力平均消散值（或压缩量）与初始孔隙水压力（或最终压缩量）的比值，以百分率表示。

2.1.32 固结系数 *coefficient of consolidation*

土的渗透系数与体积压缩系数和水的重度乘积的比值，反映土固结速率的指标。

2.1.33 次固结系数 *coefficient of secondary consolidation*

土体主固结完成进入次固结后固结曲线的斜率，反映土体次固结速率的指标。

2.1.34 固结压力 *consolidation pressure*

能够使土体产生固结或压缩的应力。

2.1.35 先期固结压力 *pre-consolidation pressure*

土在地质历史上曾受过的最大有效竖向压力。

2.1.36 超固结比 *over-consolidation ratio* (OCR)

土体曾受的先期固结压力与现有土层有效压力的比值。

2.1.37 正常固结土 *normally-consolidated soil*

现有的土层有效压力等于其先期固结压力的土。

2.1.38 超固结土 *over-consolidated soil*

现有的土层有效压力小于其先期固结压力的土。

2.1.39 欠固结土 *under-consolidated soil*

在自重作用下尚未固结完成的土。

2.1.40 抗剪强度 *shear strength*

土体在剪切面上所能承受的极限剪应力。

2.1.41 无侧限抗压强度 *unconfined compressive strength*

土体在无侧限条件下所能承受的最大轴向压力。

2.1.42 灵敏度 *sensitivity*

衡量土的结构性对其强度的影响指标，常用原状黏性土试样的无侧限抗压强度与含水率不变时的重塑试样的无侧限抗压强度的比值表示。

2.1.43 强度线 *strength curve*

土样受剪切破坏时，剪切面上的法向压力与抗剪强度的关系曲线。

2.1.44 黏聚力 *cohesion*

黏性土颗粒之间的黏聚性产生的抗剪强度，其数值等于强度线在剪应力轴上的截距。

2.1.45 内摩擦角 *internal friction angle*

反映颗粒间的相互移动和咬合作用形成的摩擦特性，其数值为强度线与法向压力轴的夹角。

2.1.46 天然休止角 *natural angle of repose*

无黏性土松散或自然堆积时，其坡面与水平面形成的最大夹角。

2.1.47 应力路径 *stress path*

土体受荷过程中，一点应力状态变化过程在应力空间内形成的轨迹。

2.1.48 基床系数 *coefficient of subgrade reaction*

基底某点的反力与该点沉降的比例常数。

2.1.49 荷载率 *load rate*

某级荷载增量与前一级荷载总量之比。

2.1.50 平行测定 *parallel measure*

在相同条件下采用两个或两个以上试样同时进行试验。

2.1.51 酸碱度 *acidity and alkalinity*

物质的酸碱性强弱程度，常用 pH 值表示，其数值为溶液中氢离子浓度的负对数。

2.1.52 纯水 *pure water*

脱气水和离子交换水。

2.1.53 人工冻土 *artificially frozen soil*

用人工制冷的方法使松散不稳定含水地层冻结，使其成为含有冰的土。

2.1.54 冻结原状土试样 *frozen undisturbed soil specimen below*

从冻结土结构物中取得冻结原状土,进行加工而成的冻土试样。

2.1.55 冻结重塑土试样 *frozen remolded soil specimen below*

由原状土经烘干、破碎、配土、加工成型,再负温冻结而成的冻土试样。

2.1.56 冻胀率 *frost heave ratio*

试样在无侧向变形无纵向荷载条件下,经单向冻结,其纵向的高度增量与试样原高度比值。

2.1.57 融化压缩系数 *coefficient of thaw compressibility*

冻土融化后在单位压力作用下产生的相对压缩变形量。

2.1.58 融沉系数 *coefficient of thaw settlement*

冻土融化过程中在自重压力作用下产生的相对下沉量。

2.2 符　号

2.2.1 尺寸和时间

A——试样断面积

D——试样的平均直径

d——土颗粒直径

$H(h)$——试样高(厚)度

t——时间

V——试样体积

2.2.2 物理性指标

C_c——曲率系数

C_u——不均匀系数

D_r——相对密度

e——孔隙比

G_s——土粒比重

I_L——液性指数

I_P——塑性指数

m——质量

S_r——饱和度

w——含水率

w_L——液限

w_P——塑限

w_n——缩限

w_a——吸水率

w_{sa}——饱和吸水率

ρ——密度

ρ_d——干密度

ρ_s——颗粒密度

ρ_w——4℃时水的密度

2.2.3 力学性指标

A_f——试样破坏时的孔隙水压力系数

a_v——压缩系数

B——孔隙水压力系数

C_c——压缩指数

C_s——回弹指数

C_v——固结系数

C_α——次固结系数

c——黏聚力

E——弹性模量

E_e——回弹模量

E_s——压缩模量

K_v——基准基床系数

k——渗透系数

m_v——体积压缩系数

p——单位压力

p_c——先期固结压力

Q——渗水量

q_u——无侧限抗压强度

R——单轴抗压强度

s——抗剪强度

S_i——单位沉降量

s_r——土的残余强度

S_t——灵敏度

V_H——轴向自由膨胀率

V_D——径向自由膨胀率

V_{HP}——侧向约束膨胀率

μ——泊松比

u——孔隙水压力

ε——应变

ε_a——轴向应变

η——动力黏滞系数

η_0——软化系数

σ——正应力

τ——剪应力

φ——内摩擦角

2.2.4 热学指标

T——温度

λ——导热系数

2.2.5 化学指标

B_b——质量摩尔浓度

C_b——浓度

M_b——摩尔质量

n——物质的量

$Q_m(W_u)$——有机质含量

pH——酸碱度

V_n——摩尔体积

W——易溶盐含量

ρ_n——质量浓度

3 试样制备

3.0.1 本节所指试样制备方法适用于颗粒粒径小于60mm的原状土和扰动土。

3.0.2 开样时应对样品进行描述,包括以下内容:

1 开样前试样的完整性、试样等级。

2 开样后对试样进行目力鉴别描述,如颜色、包含物、结构、状态、均一性、颗粒形状等。

3 制样后应保留可供室内报告审核时补测试验和检验使用的土样。

3.0.3 原状土样选取应具备代表性,要求同一组试样间密度的允许差值为0.03g/cm³;扰动土样同一组试样的密度与要求的密度之差不得大于±0.01g/cm³;一组试样的含水率与要求的含水率之差不得大于±1%。

3.0.4 试样制备的主要仪器设备,应符合下列规定:

1 细筛:孔径0.5mm、2mm。

2 洗筛:孔径0.075mm。

3 台秤和天平:称量10kg,最小分度值5g;称量5kg,最小分度值1g;称量1kg,最小分度值0.5g;称量500g,最小分度值0.1g;称量200g,最小分度值0.01g。

4 环刀:不锈钢材料制成,内径61.8mm和79.8mm,高20mm;内径61.8mm,高40mm。

5 击样器:环刀样击样器如图3.0.4-1所示、三轴样击样器如图3.0.4-2所示。

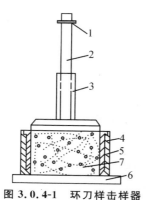

图 3.0.4-1　环刀样击样器

1—定位环；2—导杆；3—击锤；4—击
样器；5—环刀；6—底座；7—试样

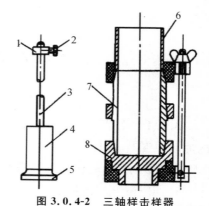

图 3.0.4-2　三轴样击样器

1—套环；2—定位螺丝；3—导杆；4—击锤；
5—底板；6—套筒；7—击样筒；8—底座

6　压样器:环刀样压样器如图 3.0.4-3 所示。

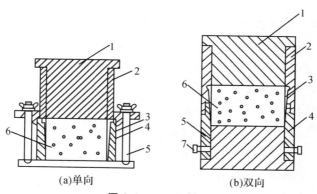

(a)单向　　　　　　　　　　(b)双向

图 3.0.4-3　压样器

1—活塞；2—导筒；3—护环；　　1—上活塞；2—上导筒；3—环刀；4—下导筒；
4—环刀；5—拉杆；6—试样　　　5—下活塞；6—试样；7—销钉

7　切土盘分样器:切土盘(图 3.0.4-4),切土器、切土架(图
3.0.4-5),原状土分样器(图 3.0.4-6)。

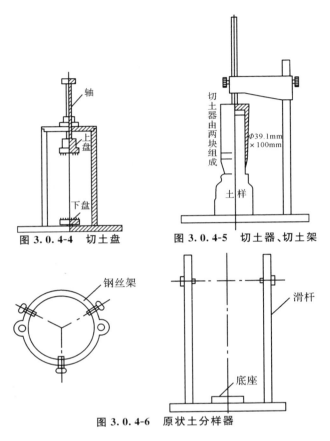

图 3.0.4-4 切土盘

图 3.0.4-5 切土器、切土架

图 3.0.4-6 原状土分样器

8 饱和设备:饱和器如图 3.0.4-7,如采用抽气饱和设备尚应附真空表和真空缸。

9 其他:包括切土刀、钢丝锯、碎土工具、烘箱、保湿缸、喷水设备等。

3.0.5 原状土试样制备,应按下列步骤进行:

1 将土样筒按标明的上下方向放置,剥去蜡封和胶带,开启土样筒取出土样。检查土样结构,当确定土样已受扰动或取土质量不符合规定时,不应制备力学性质试验的试样。

2 根据试验要求用环刀切取试样时,应在环刀内壁涂一薄

13

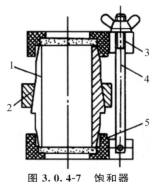

图 3.0.4-7　饱和器

1—圆模(3 片);2—紧箍;3—夹板;4—拉杆;5—透水板

层凡士林,刃口向下放在土样上,将环刀垂直下压,并用切土刀沿环刀外侧切削土样,边压边削至土样高出环刀,根据试样的软硬采用钢丝锯或切土刀整平环刀两端土样,擦净环刀外壁,称环刀和土的总质量。

3　从余土中取代表性试样测定含水率,比重、颗粒分析、界限含水率等项试验的取样,应按本细则第 3.0.6 条 2 款步骤的规定进行。

4　切削试样时,应对土样的层次、气味、颜色、夹杂物、裂缝和均匀性进行描述,对低塑性和高灵敏度的软土,制样时不得扰动。

3.0.6　扰动土试样的备样,应按下列步骤进行:

1　将土样从土样筒或包装袋中取出,对土样的颜色、气味、夹杂物、土类及均匀程度进行描述,并将土样切成碎块,拌和均匀,取代表性土样测定含水率。

2　对均质和有机质土样,宜采用天然含水率状态下代表性土样,供颗粒分析、界限含水率试验。对非均质土应根据试验项目取足够数量的土样,置于通风处晾干至可碾散为止。对砂土和进行比重试验的土样宜在 105℃~110℃ 温度下烘干,对有机质含量超过 5% 的土、含石膏和硫酸盐的土,应在 65℃~70℃ 温度下烘干。

3 将风干或烘干的土样放在橡皮板上用木碾碾散,对不含砂和砾的土样,可用碎土器碾散(碎土器不得将土粒破碎)。

4 对分散后的粗粒土和细粒土,应按本细则表 3.0.6 的要求过筛。对含细粒土的砾质土,应先用水浸泡并充分搅拌,使粗细颗粒分离后按不同试验项目的要求进行过筛。

表 3.0.6 试验取样数量和过筛标准

试验项目 \ 土样数量 \ 土类	黏土		砂土		过筛标准(mm)
	原状土(筒)Φ10cm×20cm	扰动土(g)	原状土(筒)Φ10cm×20cm	扰动土(g)	
含水率		800		500	
比重		800		500	
颗粒分析		800		500	
界限含水率		500			0.5
密度	1				
固结	1	2000			2.0
三轴压缩	2	5000		15000	2.0—20
直接剪切	1	2000			2.0
击实、承接比		50000			5 或 20
无侧限抗压强度	1				2.0
排水反复剪切	1	2000			2.0
相对密度				2000	
渗透	1	1000		2000	2.0
振动三轴、共振柱试验		20000			20
静止侧压力系数	1				
弹性模量	1				
基床系数	2				
导热系数	1				
冻土含水率	1	500	1	500	

土样数量 试验项目	黏土		砂土		过筛 标准 （mm）
	原状土（筒） Φ10cm×20cm	扰动土 （g）	原状土（筒） Φ10cm×20cm	扰动土 （g）	
冻土密度	1	500	1	500	
冻结温度		500		500	
冻土导热系数		20000		20000	
未冻含水率	1	500	1	500	
冻胀量	1	1500	1	1500	
冻土融化压缩试验	1	1000	1	1000	
化学分析试样风干含水率		500		500	2
酸碱度		500		500	2
易溶盐		500		500	2
中溶盐石膏		100		100	0.25
难溶盐碳酸钙		100		100	0.15
有机质		100		100	0.15
游离氧化铁		500		500	2
阳离子交换量		500		500	2
土的矿物组成		100		100	0.15
粗颗粒土相对密度		60000		60000	60
粗颗粒土击实		240000		240000	60
粗颗粒土渗透及渗透变形		50000		50000	60
反滤料		100000		100000	60
粗颗粒土固结		200000		200000	60
粗颗粒土直接剪切		1000000		1000000	60
粗颗粒土三轴压缩		600000		600000	60
粗颗粒土三轴流变		2400000		2400000	60
粗颗粒土三轴湿化变形		2400000		2400000	60

3.0.7　扰动土试样的制样，应按下列步骤进行：

1 试样的数量视试验项目而定,应有备用试样 1~2 个。

2 将碾散的风干土样通过孔径 2mm 或 5mm 的筛,取筛下足够试验用的土样,充分拌匀,测定风干含水率,装入保湿缸或塑料袋内备用。

3 根据试验所需的土量与含水率,制备试样所需的加水量应按下式计算:

$$m_w = \frac{m_0}{1 + 0.01w_0} \times 0.01(w_1 - w_0) \qquad (3.0.7\text{-}1)$$

式中:m_w——制备试样所需要的加水量(g);

m_0——湿土(或风干土)质量(g);

w_0——湿土(或风干土)含水率(%);

w_1——制样要求的含水率(%)。

4 称取过筛的风干土样平铺于搪瓷盘内,将水均匀喷洒于土样上,充分拌匀后装入盛土容器内盖紧,润湿一昼夜,砂土的润湿时间可酌减。

5 测定润湿土样不同位置处的含水率,不应少于两点,含水率差值应不超过 ±1%。

6 根据环刀容积及所需的干密度,制样所需的湿土量应按下式计算:

$$m_0 = (1 + 0.01w_0)\rho_d V \qquad (3.0.7\text{-}2)$$

式中:ρ_d——试样的干密度(g/cm³);

V——试样体积(环刀容积)(cm³)。

3.0.8 砂类土三轴试样的制样,应按下列步骤进行:

砂类土的试样制备应先在压力室底座上依次放上不透水板、橡皮膜和对开圆模(见图 3.0.8-1a、图 3.0.8-1b)。根据砂样的干密度及试样体积,称取所需的砂样质量,分三等份,将每份砂样填入橡皮膜内,填至该层要求的高度,依次第二层、第三层,直至膜内填满为止。对含有细粒土和要求高密度的试样,可采用干砂制备,用水头饱和或反压力饱和。当制备饱和试样时,在压力室底座上依次放透水板、橡皮膜和对开圆模,在模内注入纯水至试样高度的 1/3,将砂样分三等份,在水中煮沸,待冷却后分三层,按预定的干密度填入橡皮膜内,直至膜内填满为止。当要求的干密度较大时,填砂过程中,轻轻敲打对开圆模,使所称的砂样填满规定的体积,整平砂面,放上不透水板或透水板,试样帽,扎紧橡皮膜。对试样内部施加 5kPa 负压力使试样能站立,拆除对开圆模。

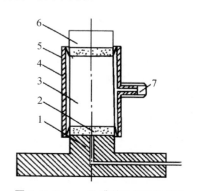

图 3.0.8-1a　承膜筒安装示意图

1—压力室底座;2—透水板;3—试样;
4—承膜筒;5—橡皮膜;6—上帽;
7—吸气孔

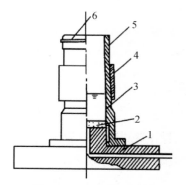

图 3.0.8-1b　对开圆膜

1—压力室底座;2—透水板;
3—制样圆膜(两片合成);4—紧箍;
5—橡皮膜;6—橡皮圈

3.0.9　试样饱和

试样饱和宜根据土样的透水性能,分别采用下列方法:粗粒土采用浸水饱和法;渗透系数大于 10^{-4} cm/s 的细粒土,采用毛细管饱和法;渗透系数小于、等于 10^{-4} cm/s 的细粒土,采用抽气饱和法。

1　毛细管饱和法,应按下列步骤进行:

1)选用框式饱和器,试样上、下面放滤纸和透水板,装入饱和器内,并旋紧螺母。

2)将装好的饱和器放入水箱内,注入清水,水面不宜将试样淹没,关箱盖,浸水时间不得少于两昼夜,使试样充分饱和。

3）取出饱和器，松开螺母，取出环刀，擦干外壁，称环刀和试样的总质量，并计算试样的饱和度。当饱和度低于95%时，应继续饱和。

2 抽气饱和法，应按下列步骤进行：

1）选用叠式或框式饱和器和真空饱和装置。在叠式饱和器下夹板的正中，依次放置透水板、滤纸、带试样的环刀、滤纸、透水板，如此顺序重复，由下向上重叠到拉杆高度，将饱和器上夹板盖好后，拧紧拉杆上端的螺母，将各个环刀在上下夹板间夹紧。

2）将装有试样的饱和器放入真空缸内，真空缸和盖之间涂一薄层凡士林，盖紧。将真空缸与抽气机接通，启动抽气机，当真空压力表读数接近当地一个大气压力值时（抽气时间不少于1h），微开管夹，使清水徐徐注入真空缸，在注水过程中，真空压力表读数宜保持不变。

3）待水淹没饱和器后停止抽气。开管夹使空气进入真空缸，静止一段时间，细粒土宜为10h，使试样充分饱和。

4）打开真空缸，从饱和器内取出带环刀的试样，称环刀和试样总质量，并计算试样的饱和度。当饱和度低于95%时，应继续抽气饱和。

3 真空饱和法应按下列步骤进行：

1）选用重叠式饱和器（图3.0.9-1）或框式饱和器（图3.0.9-2），在重叠式饱和器下板正中放置稍大于环刀直径的透水板和滤纸，将装有试样的环刀放在滤纸上，试样上再放一张滤纸和一块透水板，以此顺序重复，由下向上重叠至拉杆的高度，将饱和器上夹板放在最上部透水板上，旋紧拉杆上端的螺丝，将各个环刀在上下夹板间夹紧。

2）装好试样的饱和器放入真空缸（图3.0.9-3）内，盖上缸盖。盖缝内应涂一薄层凡士林，以防漏气。

3）关管夹、开二通阀，将抽气机与真空缸接通，开动抽气机，抽除缸内及土中气体,当真空表接近－100kPa后,继续抽气,黏质土约1h,粉质土约0.5h后,稍微开启管夹,使清水由引水管徐徐注入真空缸内。在注水过程中,应调节管夹,使真空表上的数值,基本上保持不变。

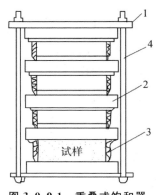

图3.0.9-1 重叠式饱和器

1—夹板;2—透水板;3—环刀;4—拉杆

图3.0.9-2 框式饱和器

1—框架;2—透水板;3—环刀

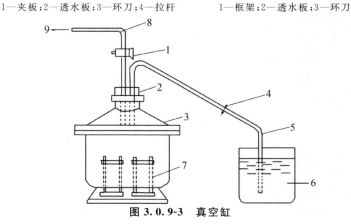

图3.0.9-3 真空缸

1—二通阀;2—橡皮塞;3—真空缸;4—管夹;5—引水管;6—盛水器;

7—饱和器;8—排气管;9—接抽气机

4)待饱和器完全淹没水中后,即停止抽气。将引水管自水缸中提出,开管夹令空气进入真空缸内,静置一定时间,细粒土宜为10h,使试样充分饱和。

5)取出饱和器,松开螺母,取出环刀,擦干外壁,称环刀和试样的总质量,并计算试样的饱和度。当饱和度低于 95% 时,应继续饱和。

4 三轴仪饱和法

水头饱和:适用于粉土或粉土质砂。将试样安装于压力室内。试样顶用透水帽,然后施加 20kPa 的周围压力,并同时提高试样底部量管的水面和降低连接试样顶部固结排水管的水面,使两管水面差在 1m 左右。打开量管阀、孔隙压力阀和排水阀,让水自下而上通过试样,直至同一时间间隔内量管流出的水量与固结排水管内的水量相等。当需要提高试样的饱和度时,宜在水头饱和前,从底部将二氧化碳气体通入试样,置换孔隙中的空气。二氧化碳的压力宜为 5kPa~10kPa,再进行水头饱和。

反压力饱和:试样要求完全饱和时可对试样施加反压力。

1)试样装好以后装上压力室罩,关孔隙压力阀和反压力阀,测记体变管读数。先对试样施加 20kPa 的周围压力预压。并开孔隙压力阀待孔隙压力稳定后记下读数,然后关孔隙压力阀。

2)反压力应分级施加,并同时分级施加周围压力,以减少对试样的扰动。在施加反压力过程中,始终保持周围压力比反压力大 20kPa。反压力和周围压力的每级增量对软黏土取 30kPa。对坚实的土或初始饱和度较低的土,取 50kPa~70kPa。

3)操作时,先调周围压力至 50kPa,并将反压力系统调至 30kPa,同时打开周围压力阀和反压力阀,再缓缓打开孔隙压力阀,待孔隙压力稳定后,测记孔隙压力计和体变管读数,再施加下一级的周围压力和反压力。

4)计算每级周围压力下的孔隙压力增量 Δu,并与周围压力增量 $\Delta \sigma_3$ 比较,当孔隙水压力增量与周围压力增量之比 $\Delta u / \Delta \sigma_3$ >0.98 时,认为试样饱和;否则应重复上述步骤,直至试样饱和。

5 饱和度应按下式计算：

$$S_r = \frac{(\rho - \rho_d)G_s}{e\rho_d} \times 100 \text{ 或 } S_r = \frac{w\,G_s}{e} \quad (3.0.9\text{-}1)$$

式中：S_r——饱和度（%）；

ρ——饱和后的密度（g/cm³）；

e——土的孔隙比；

G_s——土粒比重；

w——饱和后的含水率（%）。

4 含水率试验

4.1 一般规定

4.1.1 本试验采用烘干法,试验方法适用于各类土。

4.1.2 含水率试验应进行 2 次平行测定,非均质土宜进行 3 次以上的试验测定。

4.2 烘干法

4.2.1 本试验所用的仪器设备应符合下列规定:

1 烘箱:可采用电热烘箱或温度能保持 105℃～110℃ 的其他能源烘箱。

2 电子天平:称量 200g,分度值 0.01g;称量 1000g,分度值 0.1g。

3 其他:干燥器、称量盒。

4.2.2 烘干法试验应按下列步骤进行:

1 取代表性试样,细粒土为 15g～30g,有机质土为 30g～50g,砂类土不少于 50g,砂砾石为 2kg～5kg。将试样放入称量盒内,立即盖好盒盖,称量。当使用恒质量盒时,可先将其放至电子天平上清零。再称量装有试样的恒质量盒,称量结果即为湿土质量。

2 揭开盒盖,将试样和盒放入烘箱,在温度 105℃～110℃ 下烘至恒量。黏性土、粉土烘干时间不得少于 8h;砂类土不得少于 6h。有机质含量超过 5％的土,应控制温度在 65℃～70℃,烘干时间宜为 12h～15h。

3 将烘干后的试样和盒取出,盖好盒盖放入干燥器内冷却至室温,称干土质量。

4.2.3 含水率应按下式计算,计算至 0.1%。

$$w = \left(\frac{m_0}{m_d} - 1\right) \times 100 \qquad (4.2.3)$$

式中:w——含水率(%);

$\qquad m_0$——湿土质量(g);

$\qquad m_d$——干土质量(g)。

4.2.4 本试验应对平行试验结果取其算术平均值,最大允许平行差值应符合表 4.2.4 的规定。

表 4.2.4 含水率测定的最大允许平行差值(%)

含水率 w	最大允许平行差值
<10	±0.5
10~40	±1.0
>40	±2.0

4.2.5 本试验的记录格式见附录 D 表 D-1。

5 密度试验

5.1 一般规定

5.1.1 本试验适用于细粒土。

5.2 环刀法

5.2.1 本试验所用的主要仪器设备,应符合下列规定:

1 环刀:内径 61.8mm 和 79.8mm,高度 20mm。

2 天平:称量 500g,最小分度值 0.1g;称量 200g,最小分度值 0.01g。

5.2.2 土试样制备,应按照下列步骤进行:

用环刀切取试样时,应在环刀内壁涂一薄层凡士林,刃口向下放在土样上,将环刀垂直下压,并用切土刀沿环刀外侧切削土样,边压边削至土样高出环刀,根据试样的软硬采用钢丝锯或切土刀整平环刀两端土样,擦干净环刀外壁,称环刀和土的总质量。

5.2.3 试样的湿密度,应按下式计算:

$$\rho_0 = \frac{m_0}{V} \qquad (5.2.3)$$

式中:ρ_0 ——试样的湿密度(g/cm³),准确到 0.01g/cm³。

5.2.4 试样的干密度,应按下式计算:

$$\rho_d = \frac{\rho_0}{1 + 0.01w_0} \qquad (5.2.4)$$

式中:w_0 ——含水率(%)。

5.2.5 本试验应进行两次平行测定,两次测定的差值不得大于 0.03g/cm³,取两次测值的平均值。

5.2.6 环刀法试验的记录格式见附录 D 表 D-2。

6 比重试验

6.1 一般规定

6.1.1 按照土粒粒径不同,可分别用下列方法进行比重测定:

1 粒径小于 5mm 的土,用比重瓶法进行。

2 粒径大于、等于 5mm 的土,且其中粒径大于 20mm 的土质量小于总土质量的 10%,应用浮称法。

3 粒径大于 20mm 的土,质量大于、等于总土质量的 10%,应用虹吸筒法。

6.1.2 一般土粒的比重用纯水测定;对含有易溶盐、亲水性胶体或有机质的土,应用煤油等中性液体替代纯水测定。

6.2 比重瓶法

6.2.1 本试验所用的仪器设备应符合下列规定:

1 比重瓶:容量 100mL 或 50mL,分长颈和短颈两种。

2 天平:称量 200g,最小分度值 0.001g。

3 恒温水槽:准确度应为 ±1℃。

4 砂浴:应能调节温度。

5 真空抽气设备。

6 温度计:刻度为 0℃～50℃,最小分度值为 0.5℃。

7 其他:烘箱、纯水、中性液体(如煤油等)、孔径 2mm 及 5mm 的筛、漏斗、滴管等。

6.2.2 比重瓶的校准,应按下列步骤进行:

1 将比重瓶洗净、烘干,置于干燥器内,冷却后称量,准确至 0.001g。

2 将煮沸经冷却的纯水注入比重瓶。对长颈比重瓶注水至刻度处;对短颈比重瓶应注满纯水,塞紧瓶塞,多余水自瓶塞毛细管中溢出。调节恒温水槽至 5℃ 或 10℃,然后将比重瓶放入恒温水槽内,直至瓶内水温稳定。取出比重瓶,擦干外壁,称瓶、水总质量,准确至 0.001g。

3 以 5℃ 级差,调节恒温水槽的水温,逐级测定不同温度下的瓶、水总质量,至达到本地区最高自然气温。每级温度均应进行两次平行测定,两次测定的差值不得大于 0.002g,取两次测值的平均值。

4 以瓶、水总质量为横坐标,温度为纵坐标,绘制瓶、水总质量与温度的关系曲线。

6.2.3 比重瓶法试验,应按下列步骤进行:

1 将比重瓶烘干,取烘干土 15g 装入 100mL 比重瓶内(若用 50mL 的比重瓶,装烘干土 12g),称量。

2 可采用煮沸法或真空抽气法排除土中的空气。向已装有干土的比重瓶注入纯水至瓶的一半处,摇动比重瓶,再将瓶放在砂浴上煮沸,煮沸时间自悬液沸腾时算起,砂土、粉土不少于30min,黏土、粉质黏土不少于 1h。注意沸腾后调节砂浴温度,不使土液溢出瓶外。

3 将纯水注入比重瓶,当采用长颈比重瓶时,注水至略低于瓶的刻度处;当采用短颈比重瓶时,应注水至近满,有恒温水槽时,可将比重瓶放于恒温水槽内。待瓶内悬液温度稳定及瓶上部悬液澄清。

4 当采用长颈比重瓶时,用滴管调整液面恰至刻度处(以弯液面下缘为准),擦干瓶外及瓶内壁刻度以上部分的水,称瓶、水、土总质量;当采用短颈比重瓶时,塞好瓶塞,使多余水分自瓶塞毛细管中溢出,将瓶外水分擦干后,称瓶、水、土总质量。称量后立即测定瓶内水的温度。

5 根据测得的温度,从已绘制的温度与瓶、水总质量关系曲线中查得瓶、水总质量。

6 当土粒中含有易溶盐、亲水性胶体或有机质时,测定其土粒比重应用中性液体代替纯水,并用真空抽气法代替煮沸法,排除土中空气。对于砂土,为了防止煮沸时颗粒跳出,也可采用真空抽气法。抽气时真空压力表读数应接近当地一个大气负压值(−98kPa),抽气时间1~2h,直至悬液内无气泡为止。其余步骤与本条第3~5款相同。

7 本试验称量应准确至0.001g,温度应准确至0.5℃。

6.2.4 土粒比重应按下列公式计算:

1 用纯水测定时:

$$G_s = \frac{m_d}{m_{bw} + m_d - m_{bws}} G_{wT} \qquad (6.2.4-1)$$

式中:G_s——土的比重,计算至0.001;

m_d——干土质量(g);

m_{bw}——瓶、水总质量(g);

m_{bws}——瓶、水、土总质量(g);

G_{wT}——T℃时纯水的比重(可查物理手册),准确至0.001。

2 用中性液体测定时:

$$G_s = \frac{m_d}{m_{bk} + m_d - m_{bks}} G_{kT} \qquad (6.2.4-2)$$

式中:m_{bk}——瓶、中性液体总质量(g);

m_{bks}——瓶、中性液体、土总质量(g);

G_{kT}——T℃时中性液体的比重(应实测),准确至0.001。

6.2.5 本试验应进行两次平行测定,取其算术平均值,以两位小数表示,其最大允许平行差值应为±0.02。

6.2.6 比重瓶法试验的记录格式见附录D表D-3。

6.3 浮称法

6.3.1 本试验所用的仪器设备应符合下列规定：

1 铁丝筐：孔径小于 5mm，边长为 10cm～15cm，高为 10cm ～20cm。

2 盛水容器：适合铁丝筐沉入。

3 浮称天平：称量 2kg，分度值 0.2g，如图 6.3.1 所示。

4 筛：孔径为 5mm、20mm。

5 其他：烘箱、温度计。

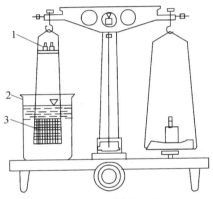

图 6.3.1 浮称天平

1—调平平衡砝码盘；2—盛水容器；3—盛粗粒土的铁丝筐

6.3.2 浮称法试验应按下列步骤进行：

1 取代表性试样 500g～1000g。冲洗试样，直至颗粒表面无尘土和其他污物。

2 将试样浸在水中 24h 后取出，将试样放在湿毛巾上擦干表面，即为饱和面干试样，称取饱和面干试样质量后，立即放入铁丝筐，缓慢浸没于水中，并在水中摇晃，至无气泡逸出为止。

3 称铁丝筐和试样在水中的总质量。

4 取出试样烘干、称量。

5 称铁丝筐在水中的质量，并应测定盛水容器内水的温度，准确至 0.5℃。

6 本试验称量应准确至 0.2g。

6.3.3 土粒比重应按下式计算：

$$G_s = \frac{m_d}{m_d - (m_{ks} - m_k)} G_{wT} \qquad (6.3.3)$$

式中：m_{ks}——铁丝筐和试样在水中的总质量（g）；

m_k——铁丝筐在水中的质量（g）。

6.3.4 干比重应按下式计算：

$$G_s = \frac{m_d}{m_b - (m_{ks} - m_k)} G_{wT} \qquad (6.3.4)$$

式中：m_b——饱和面干试样质量（g）。

6.3.5 吸着含水率应按下式计算：

$$w_{ab} = \left(\frac{m_b}{m_d} - 1\right) \times 100 \qquad (6.3.5)$$

式中：w_{ab}——吸着含水率，计算至 0.1%。

6.3.6 本试验应进行两次平行测定，两次测定的最大允许差值应为 ±0.02，试验结果取其算数平均值。

6.3.7 土粒平均比重应按下式计算：

$$G_s = \frac{1}{\dfrac{P_5}{G_{s1}} + \dfrac{1 - P_5}{G_{s2}}} \qquad (6.3.7)$$

式中：G_s——土粒平均比重，计算至 0.01；

G_{s1}——粒径大于等于 5mm 土粒的比重；

G_{s2}——粒径小于 5mm 土粒的比重；

P_5——粒径大于等于 5mm 土粒占总质量的百分比（%）。

6.3.8 浮称法试验的记录格式见附录 D 表 D-4。

6.4 虹吸筒法

6.4.1 本试验所用的仪器设备应符合下列规定：

1 虹吸筒（图 6.4.1）：由虹吸筒和虹吸管组成。

2 台秤:称量 10kg,分度值 1g。

3 量筒:容量大于 2000mL。

4 筛:孔径 5mm、20mm。

5 其他:烘箱、温度计、搅拌棒。

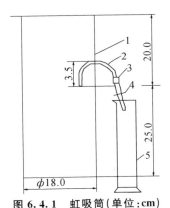

图 6.4.1 虹吸筒(单位:cm)

1—虹吸筒;2—虹吸管;3—橡皮管;4—管夹;5—量筒

6.4.2 虹吸筒法试验应按下列步骤进行:

1 取代表性试样 1000g~7000g。

2 将试样冲洗,直至颗粒表面无尘土和其他污物。

3 将试样浸在水中 24h 后取出,晾干(或用布擦干)其表面水分,称量。

4 注清水入虹吸筒,至管口有水溢出时停止注水。待管口不再有水流出后,关闭管夹,将试样缓缓放入筒中,边放边使用搅拌棒搅拌,至无气泡逸出时为止,搅动时勿使水溅出筒外。

5 待虹吸筒中水面平静后,开管夹,让试样排开的水通过虹吸管流入量筒中。

6 称量筒与水总质量后,测量筒内水的温度,准确至 0.5℃。

7 取出虹吸筒内试样,烘干、称量。

8 本试验称量应准确至 1g。

6.4.3 土粒比重应按下式计算:

$$G_s = \frac{m_d}{(m_{cw} - m_c) - (m_{ad} - m_d)} G_{wT} \qquad (6.4.3)$$

式中:m_{cw} ——量筒与水总质量(g);

m_c ——量筒质量(g);

m_{ad} ——晾干试样质量(g)。

6.4.4 虹吸筒法比重试验的记录格式见附录 D 表 D-5。

7 颗粒分析试验

7.1 一般规定

7.1.1 本试验方法适用于粒径不大于 60mm 的土。

7.1.2 本细则根据土的颗粒大小及级配情况,可分别采用以下 3 种方法。

1 筛析法:适用于粒径在 0.075mm～60mm 的土。

2 密度计法:适用于粒径小于 0.075mm 的土。

3 移液管法:适用于粒径小于 0.075mm 的土。

7.1.3 当土中粗细兼有时,应联合使用筛析法及密度计法或移液管法。

7.2 筛析法

7.2.1 本试验所用的仪器设备应符合下列规定:

1 试验筛:应符合《金属丝编织网试验筛》(GB/T 6003.1)的要求。

2 粗筛:孔径为 60、40、20、10、5、2mm。

3 细筛:孔径为 2.0、1.0、0.5、0.25、0.075mm。

4 天平:称量 1000g,分度值 0.1g;称量 200g,分度值 0.01g。

5 台秤:称量 5kg,分度值 1g。

6 振筛机:应符合《实验室用标准筛振荡机技术条件》(GB9909)的技术要求。

7 其他:烘箱、量筒、漏斗、瓷杯、附带橡皮头研杵的研钵、瓷盘、毛刷、匙、木碾。

7.2.2 筛析法的取样数量,应符合表 7.2.2 的规定:

表 7.2.2 取样数量

颗粒尺寸(mm)	取样数量(g)
＜2	100～300
＜10	300～1000
＜20	1000～2000
＜40	2000～4000
＜60	4000 以上

7.2.3 筛析法试验,应按下列步骤进行:

从风干松散的土样中,用四分对角法按照上表规定取出代表性试样:

1 按本细则表 7.2.2 的规定称取试样质量,应准确至 0.1g,试样数量超过 500g 时,应准确至 1g。

2 将试样过 2mm 筛,称筛上和筛下的试样质量。当筛下的试样质量小于试样总质量的 10％时,不做细筛分析;筛上的试样质量小于试样总质量的 10％时,不做粗筛分析。

3 取筛上的试样倒入依次叠好的粗筛中,筛下的试样倒入依次叠好的细筛中,进行筛析。细筛宜置于振筛机上振筛,振筛时间宜为 10min～15min。再按由上而下的顺序将各筛取下,称各级筛上及底盘内试样的质量,应准确至 0.1g。

4 筛后各级筛上和筛底上试样质量的总和与筛前试样总质量的差值,不得大于试样总质量的 1％。

注:根据土的性质和工程要求可适当增减不同筛径的分析筛。

7.2.4 含有黏土粒的砂砾土的筛析法试验,应按下列步骤进行:

1 将土样放在橡皮板上用木碾将黏结的土团充分碾散,用四分法按本细则 7.2.3 规定称取代表性试样,置于盛有清水的瓷盆中,用搅棒搅拌,使试样充分浸润和粗细颗粒分离。

2 将浸润后的混合液过 2mm 细筛,边搅拌边冲洗边过筛,直至筛上仅留大于2mm的土粒。然后将筛上的土风干称量，准确至0.1g，按本细则7.2.3规定进行粗筛筛析。

3 用带橡皮头的研杵研磨粒径小于2mm的混合液，稍沉淀，将上部悬液过0.075mm筛。再向瓷盆加清水研磨，静置过筛。如此反复，直至盆内悬液澄清。最后将全部土料倒在0.075mm筛上，用水冲洗，直至筛上仅留大于0.075mm的净砂。

4 将粒径大于0.075mm的净砂烘干称量，准确至0.01g，并按本细则7.2.3规定进行细筛筛析。

5 将粒径大于2mm颗粒和2～0.075mm颗粒的质量从原取土总质量中减去，即得粒径小于0.075mm颗粒土的质量。

6 当粒径小于0.075mm的试样质量大于总质量的10%时，应按密度计法或移液管法测定粒径小于0.075mm的颗粒组。

7.2.5 小于某粒径的试样质量占试样总质量的百分比，应按下式计算：

$$X = \frac{m_A}{m_B} \cdot d_x \qquad (7.2.5)$$

式中：X——小于某粒径的试样质量占试样总质量的百分比（%）；

m_A——小于某粒径的试样质量（g）；

m_B——细筛分析时为所取的试样质量，粗筛分析时为试样总质量（g）；

d_x——粒径小于2mm或粒径小于0.075mm的试样质量占试样总质量的百分比（%）。

7.2.6 以小于某粒径的试样质量占试样总质量的百分比为纵坐标，粒径为横坐标，在单对数坐标上绘制颗粒大小分布曲线，见图7.2.6。

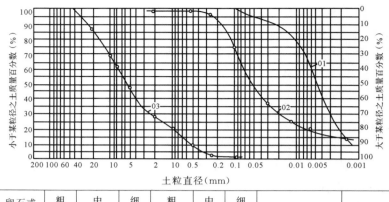

卵石或碎石	粗	中	细	粗	中	细	粉粒	钻粒
	砾			砂粒				

试样编号	粗粒土(>0.075mm)				土的分类	粗粒土(<0.075mm)		工程编号____ 试验者____
	>60(%)	砾(%)	砂(%)	$C_u = d_{60}/d_{10}$		$C_c = \dfrac{d_{30}^2}{d_{10} \cdot d_{60}}$	0.075~0.005	<0.005

钻孔编号____ 计算者____

土样说明____ 制图者____

试验日期____ 校核者____

图 7.2.6 颗粒大小分布曲线

7.2.7 必要时计算级配指标:不均匀系数和曲率系数。

1 不均匀系数按下式计算:

$$C_u = d_{60}/d_{10} \qquad (7.2.7\text{-}1)$$

式中:C_u —— 不均匀系数;

$\quad d_{60}$ —— 限制粒径,颗粒大小分布曲线上的某粒径,小于该粒径的土含量占总质量的 60%(mm);

$\quad d_{10}$ —— 有效粒径,颗粒大小分布曲线上的某粒径,小于该粒径的土含量占总质量的 10%(mm)。

2 曲率系数按下式计算:

$$C_c = \frac{d_{30}^2}{d_{10} \cdot d_{60}} \qquad (7.2.7\text{-}2)$$

式中:C_c —— 曲率系数;

d_{30}——颗粒大小分布曲线上的某粒径,小于该粒径的土含量占总质量的 30%(mm)。

7.2.8 筛析法试验的记录格式见附录 D 表 D-6。

7.3 密度计法

7.3.1 本试验方法适用于粒径小于 0.075mm 的试样。

7.3.2 本试验所用的主要仪器设备,应符合下列规定:

1 密度计:

1)甲种密度计,刻度为 $-5°\sim50°$,最小分度值为 0.5°。

2)乙种密度计(20℃/20℃),刻度为 0.995~1.020,最小分度值为 0.0002。

2 量筒:内径约 60mm,容积 1000mL,高约 420mm,刻度 0mL~1000mL,准确至 10mL。

3 洗筛:孔径 0.075mm。

4 洗筛漏斗:上口直径大于洗筛直径,下口直径略小于量筒内径。

5 天平:称量 200g,最小分度值 0.01g。

6 搅拌器:轮径 50mm,孔径 3mm,杆长约 450mm,带螺旋叶。

7 煮沸设备:附冷凝管装置。

8 温度计:刻度 0℃~50℃,最小分度值 0.5℃。

9 其他:秒表、锥形瓶(容积 500mL)、研钵、木杵、电导率仪等。

7.3.3 本试验所用试剂,应符合下列规定:

1 4%六偏磷酸钠溶液:溶解 4g 六偏磷酸钠$(NaPO_3)_6$ 于 100mL 水中。

2 5%酸性硝酸银溶液:溶解 5g 硝酸银$(AgNO_3)$于 100mL 的 10%硝酸(HNO_3)溶液中。

3 5%酸性氯化钡溶液:溶解 5g 氯化钡$(BaCl_2)$于 100mL

的 10％盐酸（HCl）溶液中。

7.3.4 密度计法试验，应按下列步骤进行：

1 试验的试样，宜采用风干试样。当试样中易溶盐含量大于 0.5％时，应洗盐。易溶盐含量的检验方法可用电导法或目测法。

1）电导法：按电导率仪使用说明书操作测定 $T℃$ 时，试样溶液（土水比为 1∶5）的电导率，并按下式计算 20℃时的电导率：

$$K_{20} = \frac{K_T}{1 + 0.02(T - 20)} \qquad (7.3.4\text{-}1)$$

式中：K_{20}——20℃时悬液的电导率（μS/cm）；

K_T——$T℃$时悬液的电导率（μS/cm）；

T——测定时悬液的温度（℃）。

当大于 1000μs/cm 时应洗盐。

注：若大于 2000μS/cm 应按本细则第 23.3 节步骤测定易溶盐含量。

2）目测法：取风干试样 3g 于烧杯中，加适量纯水调成糊状研散，再加纯水 25mL，煮沸 10min，冷却后移入试管中，放置过夜，观察试管，出现凝聚现象应洗盐。易溶盐含量测定按本细则第 23.3.2 条步骤进行。

3）洗盐方法：按式（7.3.4-3）计算，称取干土质量为 30g 的风干试样质量，准确至 0.01g，倒入 500mL 的锥形瓶中，加纯水 200mL，搅拌后用滤纸过滤或抽气过滤，并用纯水洗滤到滤液的电导率 K_{20} 小于 1000μS/cm（或对 5％酸性硝酸银溶液和 5％酸性氯化钡溶液无白色沉淀反应）为止，滤纸上的试样按第 4 款步骤进行操作。

2 称取具有代表性风干试样 200g～300g，过 2mm 筛，求出筛上试样占试样总质量的百分比。取筛下土测定试样风干含水率。

3 试样干质量为 30g 的风干试样质量按下式计算：

当易溶盐含量小于 1％时，

$$m_0 = 30(1 + 0.01w_0)\qquad(7.3.4\text{-}2)$$

当易溶盐含量不小于 1％时，

$$m_0 = \frac{30(1 + 0.01w_0)}{1 - W}\qquad(7.3.4\text{-}3)$$

式中：W——易溶盐含量（％）。

4 将风干试样或洗盐后在滤纸上的试样倒入 500mL 锥形瓶，注入纯水 200mL，浸泡过夜，然后置于煮沸设备上煮沸，煮沸时间宜为 40min。

5 将冷却后的悬液移入烧杯中，静置 1min，通过洗筛漏斗将上部悬液过 0.075mm 筛，遗留杯底沉淀物用带橡皮头研杵研散，再加适量水搅拌，静置 1min，再将上部悬液过 0.075mm 筛，如此重复倾洗（每次倾洗，最后所得悬液不得超过 1000mL）直至杯底砂粒洗净，将筛上和杯中砂粒合并洗入蒸发皿中，倾去清水，烘干，称量并按本细则第 7.2.3 条 3、4 款的步骤进行细筛分析，并计算各级颗粒占试样总质量的百分比。

6 将过筛悬液倒入量筒，加入 4％六偏磷酸钠 10mL，再注入纯水至 1000mL。

注：对加入六偏磷酸钠后仍产生凝聚的试样应选用其他分散剂。

7 将搅拌器放入量筒中，沿悬液深度上下搅拌 1min，取出搅拌器，立即开动秒表，将密度计放入悬液中，测记 1，5，30，60，120，180min 时的密度计读数；根据需要，可增加测记 1080 或 1440min 时的密度计读数。每次读数均应在预定时间前 10s～20s，将密度计放入悬液中。且接近读数的深度，保持密度计浮泡处在量筒中心，不得贴近量筒内壁。

8 密度计读数均以弯液面上缘为准。甲种密度计应准确至 0.5，乙种密度计应准确至 0.0002。每次读数后，应取出密度计放入盛有纯水的量筒中，并应测定相应的悬液温度，准确至 0.5℃，放入或取出密度计时，应小心轻放，不得扰动悬液。

7.3.5 小于某粒径的试样质量占试样总质量的百分比应

按下式计算：

1 甲种密度计：

$$X = \frac{100}{m_{\mathrm{d}}} C_{\mathrm{G}} (R + m_{\mathrm{T}} + n - C_{\mathrm{D}}) \qquad (7.3.5\text{-}1)$$

式中：X ——小于某粒径的试样质量百分比（％）；

m_{d} ——试样干质量（g）；

C_{G} ——土粒比重校正值，查表 7.3.5-1；

m_{T} ——悬液温度校正值，查表 7.3.5-2；

n ——弯月面校正值；

C_{D} ——分散剂校正值；

R ——甲种密度计读数。

2 乙种密度计：

$$X = \frac{100 v_{\mathrm{x}}}{m_{\mathrm{d}}} C'_{\mathrm{G}} \left[(R' - 1) + m'_{\mathrm{T}} + n' - C'_{\mathrm{D}} \right] \cdot \rho_{\mathrm{w20}}$$

$$(7.3.5\text{-}2)$$

式中：C'_{G} ——土粒比重校正值查表 7.3.5-1；

m'_{T} ——悬液温度校正值查表 7.3.5-2；

n' ——弯月面校正值；

C'_{D} ——分散剂校正值；

R' ——乙种密度计读数；

v_{x} ——悬液体积（＝1000mL）；

ρ_{w20} ——20℃时纯水的密度（＝0.998232g/cm³）。

表 7.3.5-1 土粒比重校正表

土粒比重	比重校正值	
	甲种密度计 C_{G}	乙种密度计 C'_{G}
2.50	1.038	1.666
2.52	1.032	1.658
2.54	1.027	1.649
2.56	1.022	1.641

土粒比重	比重校正值	
	甲种密度计 C_G	乙种密度计 C'_G
2.58	1.017	1.632
2.60	1.012	1.625
2.62	1.007	1.617
2.64	1.002	1.609
2.66	0.998	1.603
2.68	0.993	1.595
2.70	0.989	1.588
2.72	0.985	1.581
2.74	0.981	1.575
2.76	0.977	1.568
2.78	0.973	1.562
2.80	0.969	1.556
2.82	0.965	1.549
2.84	0.961	1.543
2.86	0.958	1.538
2.88	0.954	1.532

表 7.3.5-2　温度校正值表

悬液温度 ℃	甲种密度计温度校正值 m_T	乙种密度计温度校正值 m'_T	悬液温度 ℃	甲种密度计温度校正值 m_T	乙种密度计温度校正值 m'_T
10.0	−2.0	−0.0012	20.5	+0.1	+0.0001
10.5	−1.9	−0.0012	21.0	+0.3	+0.0002
11.0	−1.9	−0.0012	21.5	+0.5	+0.0003
11.5	−1.8	−0.0011	22.0	+0.6	+0.0004
12.0	−1.8	−0.0011	22.5	+0.8	+0.0005
12.5	−1.7	−0.0010	23.0	+0.9	+0.0006
13.0	−1.6	−0.0010	23.5	+1.1	+0.0007
13.5	−1.5	−0.0009	24.0	+1.3	+0.0008
14.0	−1.4	−0.0009	24.5	+1.5	+0.0009
14.5	−1.3	−0.0008	25.0	+1.7	+0.0010
15.0	−1.2	−0.0008	25.5	+1.9	+0.0011
15.5	−1.1	−0.0007	26.0	+2.1	+0.0013
16.0	−1.0	−0.0006	26.5	+2.2	+0.0014

悬液温度 ℃	甲种密度计温度校正值 m_T	乙种密度计温度校正值 m'_T	悬液温度 ℃	甲种密度计温度校正值 m_T	乙种密度计温度校正值 m'_T
16.5	−0.9	−0.0006	27.0	+2.5	+0.0015
17.0	−0.8	−0.0005	27.5	+2.6	+0.0016
17.5	−0.7	−0.0004	28.0	+2.9	+0.0018
18.0	−0.5	−0.0003	28.5	+3.1	+0.0019
18.5	−0.4	−0.0003	29.0	+3.3	+0.0021
19.0	−0.3	−0.0002	29.5	+3.5	+0.0022
19.5	−0.1	−0.0001	30.0	+3.7	+0.0023
20.0	0.0	0.0000			

7.3.6 试样粒径应按下式计算：

$$d = \sqrt{\frac{1800 \times 10^4 \cdot \eta}{(G_s - G_{wT})\rho_{wT} g} \cdot \frac{L}{t}} \qquad (7.3.6)$$

式中：d——试样粒径（mm）；

η——水的动力黏滞系数（$kPa \cdot s \times 10^{-6}$），查表9.1.3；

G_{wT}——T℃时水的比重；

ρ_{wT}——4℃时纯水的密度（g/cm³）；

L——某一时间内的土粒沉降距离（cm）；

t——沉降时间（s）；

g——重力加速度（cm/s²）。

7.3.7 颗粒大小分布曲线，应按本细则第7.2.6条的步骤绘制，当密度计法和筛析法联合分析时，应将试样总质量折算后绘制颗粒大小分布曲线；并应将两段曲线连成一条平滑的曲线，见本细则图7.2.6。

7.3.8 密度计法试验的记录格式见附录D表D-7。

7.4 移液管法

7.4.1 本试验方法适用于粒径小于0.075mm的试样。

7.4.2 本试验所用的主要仪器设备应符合下列要求：

1 移液管(图 7.4.2):容积 25mL;

2 烧杯:容积 50mL;

3 天平:称量 200g;最小分度值 0.001g;

4 其他与密度计法相同。

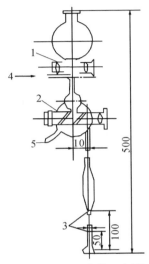

图 7.4.2 移液管示意图

1—二通阀;2—三通阀;3—移液管;4—接吸球;5—放流口

7.4.3 移液管法试验应按下列步骤进行:

1 取代表性试样,黏土 10g~15g;砂土 20g;准确至 0.001g,并按本细则第 7.3.4 条 1~5 款的步骤制备悬液。

2 将装置悬液的量筒置于恒温水槽中,测记悬液温度,准确至 0.5℃,试验过程中悬液温度变化范围为±0.5℃。并按本细则式(7.3.6)计算粒径小于 0.05、0.01、0.005、0.002mm 和其他所需粒径下沉一定深度所需的静置时间(或查表 7.4.3)。

3 用搅拌器沿悬液深度上、下搅拌 1min,取出搅拌器,开动秒表,将移液管的二通阀置于关闭位置、三通阀置于移液管和吸球相通的位置,根据各粒径所需的静置时间,提前 10s 将移液管放入悬液中,浸入深度为 10cm,用吸球吸取悬液。吸取量应不少

表 7.4.3　土粒在不同温度静水中沉降时间表

土粒比重	沉降距离 (cm)	土粒直径 (mm)	10.0℃ (h m s)	12.5℃ (h m s)	15.0℃ (h m s)	17.5℃ (h m s)	20.0℃ (h m s)	22.5℃ (h m s)	25.0℃ (h m s)	27.5℃ (h m s)	30.0℃ (h m s)	32.5℃ (h m s)	35.0℃ (h m s)
2.60	25.0	0.050	2 29	2 19	2 10	2 02	1 55	1 49	1 43	1 37	1 32	1 27	1 23
	12.5	0.050	1 14	1 09	1 05	1 01	58	54	51	48	46	44	41
	10.0	0.010	24 52	23 12	21 45	20 24	19 14	18 06	17 06	16 09	15 39	14 38	13 49
	10.0	0.005	1 39 26	1 32 48	1 26 59	1 21 37	1 16 55	1 12 24	1 08 25	1 04 14	1 01 10	58 23	55 16
2.65	25.0	0.050	2 25	2 15	2 06	1 59	1 52	1 45	1 40	1 34	1 29	1 25	1 20
	12.5	0.050	1 12	1 07	1 03	59	56	53	50	47	44	42	40
	10.0	0.010	24 07	22 30	21 05	19 47	18 39	17 33	16 35	15 39	14 50	14 06	13 24
	10.0	0.005	1 36 27	1 29 59	1 24 21	1 19 08	1 14 34	1 10 12	1 06 21	1 02 38	59 19	56 24	53 34
2.70	25.0	0.050	2 20	2 11	2 03	1 55	1 49	1 42	1 36	1 31	1 21	1 22	1 18
	12.5	0.050	1 10	1 05	1 01	58	54	51	48	45	43	41	39
	10.0	0.010	23 24	21 50	20 28	19 13	18 06	17 02	16 06	15 12	14 23	13 41	13 00
	10.0	0.005	1 33 38	1 27 21	1 21 54	1 16 50	1 12 24	1 08 10	1 04 24	1 00 47	57 34	54 44	52 00
2.75	25.0	0.050	2 16	2 07	1 59	1 52	1 45	1 39	1 34	1 28	1 24	1 21	1 16
	12.5	0.050	1 08	1 04	1 00	56	53	50	47	44	42	40	38
	10.0	0.010	22 44	21 13	19 53	18 40	17 35	16 33	15 38	14 46	13 59	13 26	12 37
	10.0	0.005	1 30 55	1 24 52	1 19 33	1 14 38	1 10 19	1 06 13	1 02 34	59 04	55 56	53 48	50 31
2.80	25.0	0.050	2 13	2 04	1 56	1 49	1 42	1 36	1 31	1 26	1 21	1 17	1 14
	12.5	0.050	1 06	1 02	58	54	51	48	46	43	41	39	37
	10.0	0.010	22 06	20 38	19 20	18 09	17 05	16 06	15 12	14 21	13 35	12 55	12 17
	10.0	0.005	1 28 25	1 22 30	1 17 20	1 12 33	1 08 22	1 04 22	1 00 50	57 25	54 21	51 42	49 07

注：表也可以固定相同的沉降距离计算出相应的沉降时间。

44

于 25mL。

4 旋转三通阀,使吸球与放液口相通,将多余的悬液从放液口流出,收集后倒入原悬液中。

5 将移液管下口放入烧杯内,旋转三通阀,使吸球与移液管相通,用吸球将悬液挤入烧杯中,从上口倒入少量纯水,旋转二通阀,使上下口连通,水则通过移液管将悬液洗入烧杯中。

6 将烧杯内的悬液蒸干,在温度 105℃～110℃下烘至恒量,称烧杯内试样质量,准确至 0.001g。

7.4.4 小于某粒径的试样质量占试样总质量的百分比,应按下式计算:

$$X = \frac{m_x \cdot V_x}{V'_x m_d} \times 100 \qquad (7.4.4)$$

式中:V_x——悬液总体积(1000mL);

V'_x——吸取悬液的体积(＝25mL);

m_x——吸取悬液中的试样干质量(g)。

7.4.5 颗粒大小分布曲线应按本细则第 7.2.6 条绘制。当移液管法和筛析法联合分析时,应将试样总质量折算后绘制颗粒大小分布曲线,并将两段曲线连成一条平滑的曲线,见本细则图 7.2.6。

8 界限含水率试验

8.1 一般规定

8.1.1 本试验中含水率的测定应按本细则第4.2节的烘干法执行。

8.2 液塑限联合测定法

8.2.1 本试验方法适用于粒径小于0.5mm以及有机质含量不大于干土质量5%的土。

8.2.2 本试验所用的主要仪器设备,应符合下列规定:

1 液塑限联合测定仪(图8.2.2):包括带标尺的圆锥仪、电

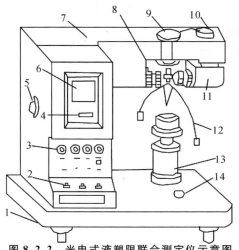

图 8.2.2 光电式液塑限联合测定仪示意图

1—水平调节螺丝;2—控制开关;3—指示灯;4—零线调节螺丝;5—反光镜调节螺丝;6—屏幕;7—机壳;8—物镜调节螺丝;9—电磁装置;10—光源调节螺丝;11—光源;12—圆锥仪;13—升降台;14—水平泡

磁铁、显示屏、控制开关和试样杯。圆锥质量为 76g,锥角为 30°;读数显示宜采用光电式、游标式和百分表式;试样杯内径为 40mm,高度为 30mm。

2 天平:称量 200g,最小分度值 0.01g。

8.2.3 液塑限联合测定法试验,应按下列步骤进行:

1 本试验宜采用天然含水率试样,当土样不均匀时,采用风干试样,当试样中含有粒径大于 0.5mm 的土粒和杂物时,应过 0.5mm 筛。

2 当采用天然含水率土样时,取代表性土样 250g;采用风干试样时,取 0.5mm 筛下的代表性土样 200g,将试样放在橡皮板上用纯水将土样调成均匀膏状,放入调土皿,浸润 18h 以上。

3 将制备的试样充分调拌均匀,密实地填入试样杯中,填样时不应留有空隙,填满后刮平表面。

4 将试样杯放在联合测定仪的升降台上,在圆锥上抹一薄层凡士林,接通电源,使电磁铁吸住圆锥。当使用游标式或百分表式时,提起锥杆,用旋钮固定。

5 调节零点,将屏幕上的标尺调在零位,调整升降台,使圆锥尖接触试样表面,指示灯亮时圆锥在自重下沉入试样,经 5s 后测读圆锥下沉深度(显示在屏幕上),取出试样杯,挖去锥尖入土处的凡士林,取锥体附近的试样不少于 10g,放入称量盒内,测定含水率。

6 将全部试样再加水或吹干并调匀,重复本条 3 至 5 款的步骤分别测定其余第二点、第三点试样的圆锥下沉深度及相应的含水率。液塑限联合测定应不少于三点。

8.2.4 试样的含水率应按本细则式(4.2.3)计算。

8.2.5 以含水率为横坐标,圆锥入土深度为纵坐标在双对数坐标纸上绘制关系曲线(图 8.2.5),三点应在一直线上,如图中 A 线。当三点不在一直线上时,通过高含水率的点和其余两点连成两条直线,在下沉为 2mm 处查得相应的 2 个含水率,当两个含水率的差值小于 2% 时,应以两点含水率的平均值与高含水率的点连一直线,如图中 B 线,当两个含水率的差值大于、等于 2% 时,应重做试验。

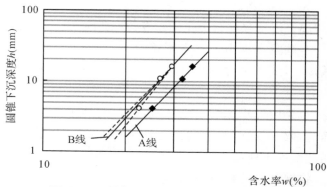

图 8.2.5　圆锥下沉深度与含水率关系曲线

8.2.6　在含水率与圆锥下沉深度的关系图(见图 8.2.5)上查得下沉深度为 17mm 所对应的含水率为液限,查得下沉深度为 10mm 所对应的含水率为 10mm 液限,查得下沉深度为 2mm 所对应的含水率为塑限,取值以百分数表示,准确至 0.1%。

8.2.7　塑性指数应按下式计算:

$$I_p = w_L - w_p \tag{8.2.7}$$

式中:I_p ——塑性指数;

　　　w_L ——液限(%);

　　　w_p ——塑限(%)。

8.2.8　液性指数应按下式计算:

$$I_L = \frac{w_0 - w_p}{I_p} \tag{8.2.8}$$

式中:I_L ——液性指数,计算至 0.01。

8.2.9　液塑限联合测定法试验的记录格式见附录 D 表 D-8。

8.3 圆锥仪液限测定法

8.3.1 本试验适用于粒径小于 0.5mm 以及有机质含量不大于干土质量 5% 的土,适用于测定 10mm 液限。

8.3.2 仪器设备

1 76 克圆锥仪:锥质量为 76g,锥角为 30°,锥体标注有 10mm 刻度。

2 盛土杯:内径 50mm,深度 40mm~50mm。

3 天平:称量 200g,最小分度值 0.01g。

4 其他:筛(孔径 0.5mm)、调土刀、调土皿、称量盒、研钵(附带橡皮头研杵或橡皮板、木棒)干燥器、吸管、凡士林等。

8.3.3 试验步骤:

1 取有代表性的天然含水量或风干土样进行试验。如风干土样中含大于 0.5mm 的土粒或杂物时,应将风干土样用带橡皮头的研杵研碎或用木棒在橡皮板上压碎,过 0.5mm 的筛。取 0.5mm 筛下的代表性土样 200 克,放入盛土皿中,加入纯水,用调土刀调匀,盖上湿布,放置 18h 以上。

2 将制备的试样充分调拌均匀,密实地填入试样杯中,填样时不应留有空隙,填满后刮平表面。

3 调平仪器,提起锥杆锥头上涂少许凡士林。

4 将装好土样的试样杯放在测定仪的升降台上,在锥尖与土样表面刚好接触时松开圆锥仪,让圆锥仪自由下落,经 5 秒后,此时锥入土深度为 10mm。

5 改变锥尖与土接触位置(锥尖两次锥入位置距离不小于 1 厘米),重复本条 3~4 款步骤。

6 去掉锥尖入土处的凡士林,取 10 克以上的土样两个,分别装入称量盒内,称质量(准确至 0.01g),测定其含水率(计算至 0.1%)。计算含水率平均值。

8.4 滚搓法塑限试验

8.4.1 本试验所用的主要仪器设备,应符合下列规定:

1 毛玻璃板:尺寸宜为 200mm×300mm。

2 卡尺:分度值为 0.02mm。

8.4.2 滚搓法试验,应按下列步骤进行:

1 取 0.5mm 筛下的代表性试样 100g,放在盛土皿中加纯水拌匀,放置 18 小时以上。

2 将制备好的试样在手中揉捏至不黏手,捏扁,当出现裂缝时,表示其含水率接近塑限。

3 取接近塑限含水率的试样 8g～10g,用手搓成椭圆形,放在毛玻璃板上用手掌滚搓,滚搓时手掌的压力要均匀地施加在土条上,不得使土条在毛玻璃板上无力滚动,土条不得有空心现象,土条长度不宜大于手掌宽度。

4 当土条直径搓成 3mm 时产生裂缝,并开始断裂,表示试样的含水率达到塑限含水率。当土条直径搓成 3mm 时不产生裂缝或土条直径大于 3mm 时开始断裂,表示试样的含水率高于塑限或低于塑限,都应重新取样进行试验。若土条在任何含水率下始终搓不到 3mm 即开始断裂,则该土无塑性。

5 取直径 3mm 有裂缝的土条 3g～5g,测定土条的含水率。

8.4.3 本试验应进行两次平行测定,两次测定的差值应符合第 4.2.4 条的规定。

8.4.4 滚搓法试验的记录格式见附录 D 表 D-9。

9 渗透试验

9.1 一般规定

9.1.1 常水头渗透试验适用于粗粒土,变水头渗透试验适用于细粒土。

9.1.2 试验用水宜采用纯水或经过滤的清水。在试验前必须用抽气法或煮沸法进行脱气。试验时的水温宜高于试验室温度 $3℃\sim4℃$。

9.1.3 本试验以水温 $20℃$ 为标准温度,标准温度下的渗透系数应按下式计算:

$$k_{20} = k_T \frac{\eta_T}{\eta_{20}} \qquad (9.1.3)$$

式中:k_{20}——标准温度时试样的渗透系数(cm/s);

η_T——$T℃$时水的动力黏滞系数(kPas);

η_{20}——$20℃$时水的动力黏滞系数(kPas)。

黏滞系数比 η_T/η_{20} 查表 9.1.3。

表 9.1.3　水的动力黏滞系数、黏滞系数比、温度校正值

温度 T (℃)	动力黏滞系数 η (10^{-6} kPa·s)	η_T/η_{20}	温度校正值 T_P	温度 T (℃)	动力黏滞系数 η (10^{-6} kPa·s)	η_T/η_{20}	温度校正值 T_P
5.0	1.516	1.501	1.17	17.5	1.074	1.066	1.66
5.5	1.498	1.478	1.19	18.0	1.061	1.050	1.68
6.0	1.470	1.455	1.21	18.5	1.048	1.038	1.70
6.5	1.449	1.435	1.23	19.0	1.035	1.025	1.72

温度 T （℃）	动力黏滞系数 η （10^{-6} kPa·s）	η_T / η_{20}	温度校正值 T_P	温度 T （℃）	动力黏滞系数 η （10^{-6} kPa·s）	η_T / η_{20}	温度校正值 T_P
7.0	1.428	1.414	1.25	19.5	1.022	1.012	1.74
7.5	1.407	1.393	1.27	20.0	1.010	1.000	1.76
8.0	1.387	1.373	1.28	20.5	0.998	0.988	1.78
8.5	1.367	1.353	1.30	21.0	0.986	0.976	1.80
9.0	1.347	1.334	1.32	21.5	0.974	0.964	1.83
9.5	1.328	1.315	1.34	22.0	0.968	0.958	1.85
10.0	1.310	1.297	1.36	22.5	0.952	0.943	1.87
10.5	1.292	1.279	1.38	23.0	0.941	0.932	1.89
11.0	1.274	1.261	1.40	24.0	0.919	0.910	1.94
11.5	1.256	1.243	1.42	25.0	0.899	0.890	1.98
12.0	1.239	1.227	1.44	26.0	0.879	0.870	2.03
12.5	1.223	1.211	1.46	27.0	0.859	0.850	2.07
13.0	1.206	1.194	1.48	28.0	0.841	0.833	2.12
13.5	1.188	1.176	1.50	29.0	0.823	0.815	2.16
14.0	1.175	1.168	1.52	30.0	0.806	0.798	2.21
14.5	1.160	1.148	1.54	31.0	0.789	0.781	2.25
15.0	1.144	1.133	1.56	32.0	0.773	0.765	2.30
15.5	1.130	1.119	1.58	33.0	0.757	0.750	2.34
16.0	1.115	1.104	1.60	34.0	0.742	0.735	2.39
16.5	1.101	1.090	1.62	35.0	0.727	0.720	2.43
17.0	1.088	1.077	1.64				

9.1.4 根据计算的渗透系数,应取 3～4 个在允许差值范围内的数据的平均值,作为试样在该孔隙比下的渗透系数(允许偏差为 $\pm 2 \times 10^{-n}$ cm/s)。

9.1.5 当进行不同孔隙比下的渗透试验时,应以孔隙比为纵坐标,渗透系数的对数为横坐标,绘制关系曲线。

9.2 常水头渗透试验

9.2.1 本试验所用的主要仪器设备,应符合下列规定:

常水头渗透仪装置:由金属封底圆筒、金属孔板、滤网、测压管和供水瓶组成(图 9.2.1)。金属圆筒内径为 10cm,高 40cm。当使用其他尺寸的圆筒时,圆筒内径应大于试样最大粒径的 10 倍。

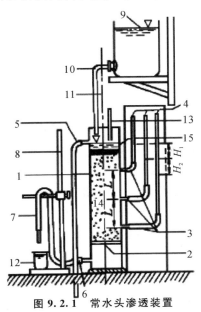

图 9.2.1 常水头渗透装置

1—金属封底圆筒;2—金属孔板;3—测压孔;4—玻璃测压管;5—溢水孔;6—渗水孔;7—调节管;8—滑动支架;9—容量为 5000mL 的供水瓶;10—供水管;11—止水夹;12—容量为 500mL 的量筒;13—温度计;14—试样;15—砾石层

9.2.2 常水头渗透试验应按下列步骤进行:

1 按本细则图 9.2.1 装好仪器,量测滤网至筒顶的高度,将调节管和供水管相连,从渗水孔向圆筒充水至高出滤网顶面。

2 取具有代表性的风干土样 3kg～4kg,测定其风干含水率。将风干土样分层装入圆筒内,每层 2cm~3cm,根据要求的孔隙比,控制试样厚度。当试样中含黏粒时,应在滤网上铺 2cm 厚的粗砂作为过滤层,防止细粒流失。每层试样装完后从渗水孔向圆筒充水至试样顶面,最后一层试样应高出测压管 3cm~4cm,并在试样顶面铺 2cm 砾石作为缓冲层。当水面高出试样顶面时,应继续充水至溢水孔有水溢出。

3 量试样顶面至筒顶高度,计算试样高度,称剩余土样的质量,计算试样质量。

4 检查测压管水位,当测压管与溢水孔水位不平时,用吸球调整测压管水位,直至两者水位齐平。

5 将调节管提高至溢水孔以上,将供水管放入圆筒内,开止水夹,使水由顶部注入圆筒,降低调节管至试样上部 1/3 高度处,形成水位差,使水渗入试样,经过调节管流出。调节供水管止水夹,使进入圆筒的水量多于溢出的水量,溢水孔始终有水溢出,保持圆筒内水位不变,试样处于常水头下渗透。

6 当测压管水位稳定后,测记水位。并计算各测压管之间的水位差。按规定时间记录渗出水量,接取渗出水量时,调节管口不得浸入水中,测量进水和出水处的水温,取平均值。

7 降低调节管至试样的中部和下部 1/3 处,按本条 5、6 款的步骤重复测定渗出水量和水温,当不同水力坡降下测定的数据接近时,结束试验。

8 根据工程需要,改变试样的孔隙比,继续试验。

9.2.3 常水头渗透系数应按下式计算:

$$k_T = \frac{QL}{AHt} \qquad (9.2.3)$$

式中:k_T——水温为 $T℃$ 时试样的渗透系数(cm/s);

Q——时间 t 秒内的渗出水量(cm³);

L——两测压管中心间的距离(cm);

A——试样的断面积(cm²);

H——平均水位差(cm)；

t——时间(s)。

注：平均水位差 H 可按 $(H_1＋H_2)/2$ 公式计算。

9.2.4 标准温度下的渗透系数应按式(9.1.3)计算。

9.2.5 常水头渗透试验的记录格式见附录 D 表 D-10。

9.3 变水头渗透试验

9.3.1 本试验所用的主要仪器设备,应符合下列规定:

1 渗透容器:由环刀、透水板、套环、上盖和下盖组成。环刀内径 61.8mm,高 40mm,透水板的渗透系数应大于 10^{-3} cm/s。

2 变水头装置:由渗透容器、变水头管、供水瓶、进水管等组成(图 9.3.1)。变水头管的内径应均匀,管径不大于 1cm,每根变水头管内断面积应进行实测,管外壁应有最小分度为 1.0mm 的刻度,长度宜为 2m 左右。

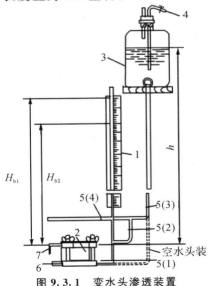

图 9.3.1 变水头渗透装置

1—变水头管;2—渗透容器;3—供水瓶;4—接水源管;

5—进水管夹;6—排气水管;7—出水管

9.3.2 试样制备应按本细则第 3.1.5 条或第 3.1.7 条的规定进行,并应测定试样的含水率和密度。

9.3.3 变水头渗透试验,应按下列步骤进行:

1 将装有试样的环刀装入渗透容器,用螺母旋紧,要求密封至不漏水不漏气。对不易透水的试样,按本细则第 3.1.8 条的规定进行抽气饱和;对饱和试样和较易透水的试样,直接用变水头装置的水头进行试样饱和。

2 将渗透容器的进水口与变水头管连接,利用供水瓶中的水向进水管注满水,并渗入渗透容器,开排气阀,排除渗透容器底部的空气,直至溢出水中无气泡,关排水阀(排气阀),放平渗透容器,关进水管夹。

3 向变水头管注水。使水升至预定高度,水头高度根据试样结构的疏松程度确定,一般不应大于 2m,待水位稳定后切断水源,开进水管夹,使水通过试样,当出水口有水溢出时开始测记变水头管中起始水头高度和起始时间,按预定时间间隔测记水头和时间的变化,并测记出水口的水温。

4 将变水头管中的水位变换高度,待水位稳定再进行测记水头和时间变化,重复试验 5~6 次。当不同开始水头下测定的渗透系数在允许差值范围内时,结束试验。

9.3.4 变水头渗透系数应按下式计算:

$$k_T = 2.3 \frac{aL}{A(t_2 - t_1)} \lg \frac{H_1}{H_2} \qquad (9.3.4)$$

式中:a——变水头管的断面积(cm^2);

L——渗径,即试样高度(cm);

t_1,t_2——分别为测读水头的起始和终止时间(s);

H_1,H_2——起始和终止水头。

9.3.5 标准温度下的渗透系数应按式(9.1.3)计算。

9.3.6 变水头渗透试验的记录格式见附录 D 表 D-11。

10 固结试验

10.1 一般规定

10.1.1 本试验方法适用于饱和的细粒土。

10.1.2 当只进行压缩时,允许用于非饱和土。

10.2 标准固结试验

10.2.1 本试验所用的主要仪器设备,应符合下列规定:

1 固结容器:由环刀、护环、透水板、水槽、加压上盖和量表架等组成(图 10.2.1)。

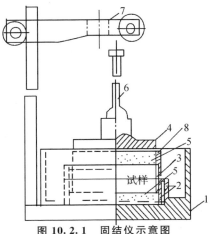

图 10.2.1 固结仪示意图

1—水槽;2—护环;3—环刀;4—加压上盖;5—透水板;

6—量表导杆;7—量表架;8—导向环

1)环刀:内径为 61.8mm 和 79.8mm,高度为 20mm。环刀应具有一定的刚度,内壁应保持较高的光洁度,宜涂一薄层硅脂或聚四氟乙烯。

2）透水板：氧化铝或不受腐蚀的金属材料制成或透水板，其渗透系数应大于试样的渗透系数。用固定式容器时，顶部透水板直径应小于环刀内径 0.2mm～0.5mm；用浮环式容器时上下端透水板直径相等，均应小于环刀内径。

2　加压设备：可采用量程为 5kN～10kN 的杠杆式、磅秤式或其他加压设备，其最大允许误差应符合现行国家标准《土工试验仪器　固结仪　第 1 部分：单杠杆固结仪》(GB/T 4935.1)、《土工试验仪器　固结仪　第 2 部分：全自动气压式固结仪》(GB/T 4935.2)的有关规定。

3　变形量测设备：量程 10mm，最小分度值为 0.01mm 的百分表或最大允许误差应为 ±0.2%F.S 的位移传感器。

4　其他：刮土刀、钢丝锯、天平、秒表。

10.2.2　固结仪及加压设备应定期校准，并应作仪器变形校正曲线，具体操作见有关标准。

10.2.3　试样制备应按本细则第 3.0.5 条的规定进行，并测定试样的含水率和密度，试样需要饱和时，应按本细则第 3.0.9 条步骤的规定进行抽气饱和。

10.2.4　固结试验应按下列步骤进行：

1　在固结容器内放置护环、薄型滤纸和透水板，将带有试样的环刀装入护环内，放上导环，试样上依次放上薄型滤纸、透水板和加压上盖，并将固结容器置于加压框架正中，使加压上盖与加压框架中心对准，安装百分表或位移传感器。

注：滤纸和透水板的湿度应接近试样的湿度。使用导杆调校时，以接触为准，不得给试样施加压力。

2　施加 1kPa 的预压力使试样与仪器上下各部件之间接触，将百分表或传感器调整到零位或测读初读数。

3　确定需要施加的各级压力，压力等级宜为 12.5、25、50、100、200、400、800、1600、3200kPa。第一级压力的大小应视土的软硬程度而定,宜用12.5、25或50kPa(第1级实加压力应减去预压压力)。最后一级压力应大于土的自重压力与附加压力之和。只需测定压缩系数时,最大压力不小于400kPa。

4 如系饱和试样,则在施加第1级压力后,立即向水槽中注水至满。如系非饱和试样,须用湿棉围住加压盖板四周,避免水分蒸发。

5 需要确定原状土的先期固结压力时,加压率宜小于1,可采用0.5或0.25。最后一级压力应使$e\sim\log p$曲线下段出现较长的直线段。对超固结土,应进行卸压、再加压来评价其再压缩特性。

6 需要测定沉降速率、固结系数时,施加每一级压力后宜按下列时间顺序测记试样的高度变化。时间为6s、15s、1min、2min15s、4min、6min15s、9min、12min15s、16min、20min15s、25min、30min15s、36min、42min15s、49min、64min、100min、200min、400min、23h、24h,至稳定为止。不需要测定沉降速率时,稳定标准规定为每级压力下固结24h或试样变形每小时变化不大于0.01mm。测记稳定读数后,再施加第2级压力。依次逐级加压至试验结束。

注:当试样的渗透系数大于10^{-5}cm/s时,允许以主固结完成作为相对稳定标准。

7 需要进行回弹试验时,可在某级压力(大于上覆有效压力)下固结稳定后退压,直至退到要求的压力,每次退压至24h后测定试样的回弹量。

8 试验结束后吸去容器中的水,迅速拆除仪器各部件,取出带环刀的试样。如需测定试验后含水率,则用干滤纸吸去试样两端表面上的水。

9 需要做次固结沉降试验时,可在主固结试验结束继续试验至固结稳定为止。

10.2.5 试样的初始孔隙比,应按下式计算:

$$e_0 = \frac{\rho_w G_s (1 + 0.01 w_0)}{\rho_0} - 1 \qquad (10.2.5)$$

式中：e_0——试样的初始孔隙比。

10.2.6 各级压力下试样固结稳定后的单位沉降量，应按下式计算：

$$S_i = \frac{\sum \Delta h_i}{h_0} \times 10^3 \qquad (10.2.6)$$

式中：S_i——某级压力下的单位沉降量（mm/m）；

h_0——试样初始高度（mm）；

$\sum \Delta h_i$——某级压力下试样固结稳定后的总变形量（mm）（等于该级压力下固结稳定读数减去仪器变形量）；

10^3——单位换算系数。

10.2.7 各级压力下试样固结稳定后的孔隙比，应按下式计算：

$$e_i = e_0 - (1 + e_0) \frac{\sum \Delta h_i}{h_0} \qquad (10.2.7)$$

式中：e_i——各级压力下试样固结稳定后的孔隙比。

10.2.8 某一压力范围内的压缩系数，应按下式计算：

$$a_v = \frac{e_i - e_{i+1}}{p_{i+1} - p_i} \times 10^3 \qquad (10.2.8)$$

式中：a_v——压缩系数（MPa^{-1}）；

p_i——某级压力值（kPa）。

10.2.9 某一压力范围内的压缩模量，应按下式计算：

$$E_s = \frac{1 + e_0}{a_v} \qquad (10.2.9)$$

式中：E_s——某一压力范围内的压缩模量（MPa）。

10.2.10 某一压力范围内的体积压缩系数，应按下式计算：

$$m_v = \frac{1}{E_s} = \frac{a_v}{1 + e_0} \qquad (10.2.10)$$

式中：m_v——某一压力范围内的体积压缩系数（MPa^{-1}）。

10.2.11 压缩指数 C_c 及回弹指数 C_s（C_c 即 $e \sim \log p$ 曲线直线段的斜率。用同法在回弹支上求其平均斜率，即 C_s）：

$$C_c \text{ 或 } C_s = \frac{e_i - e_{i+1}}{\log p_{i+1} - \log p_i} \tag{10.2.11}$$

式中：C_c——压缩指数；

$\quad\quad C_s$——回弹指数。

10.2.12 以孔隙比为纵坐标，压力为横坐标绘制孔隙比与压力的关系曲线，见图 10.2.12。

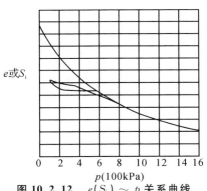

图 10.2.12 $e(S_i) \sim p$ 关系曲线

10.2.13 回弹模量 E_e 及回弹系数 a_0 按下式计算：

$$E_e = \frac{1 + e_1}{a_0} \tag{10.2.13-1}$$

式中：E_e——土的回弹模量（kPa）；

$\quad\quad e_1$——卸荷后或再加荷时土的孔隙比；

$\quad\quad a_0$——土的回弹系数（kPa^{-1}）。

$$a_0 = \frac{\Delta e'}{p_c - p_1} \tag{10.2.13-2}$$

式中：p_c——卸荷前的压力或前期固结压力（kPa）；

$\quad\quad p_1$——卸荷后的压力或土的自重有效应力（kPa）；

$\quad\quad \Delta e'$——卸荷和再压缩曲线上相应于压力从 p_1 到 p_c

的孔隙比变化量。

10.2.14 以孔隙比为纵坐标,以压力的对数为横坐标,绘制孔隙比与压力的对数关系,曲线见图 10.2.14。

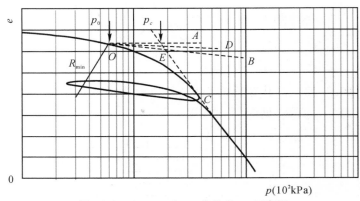

图 10.2.14 *e* ～ log*p* 曲线求 *p*_c 示意图

10.2.15 原状土试样的先期固结压力,用适当比例的纵横坐标作 *e*～log*p* 曲线,在曲线上找出最小曲率半径 R_{min} 点 *O*。过 *O* 点作水平线 *OA*、切线 *OB* 及角 *AOB* 的平分线 *OD*,*OD* 与曲线的直线段 *C* 的延长线交于点 *E*,则对应于 *E* 点的压力值即为该原状土的先期固结压力。

10.2.16 固结系数应按下列方法确定:

1 时间平方根法:对于某一压力,以量表读数 *d*(mm) 为纵坐标,时间平方根 $\sqrt{t}$ (min) 为横坐标,绘制 *d* ～ $\sqrt{t}$ 曲线(图 10.2.16-1)。延长 *d* ～ $\sqrt{t}$ 曲线开始段的直线,交纵坐标轴于 *ds*(*ds* 称理论零点)。过 *ds* 绘制另一直线,令其横坐标为前一直线横坐标的 1.15 倍,则后一直线与 *d* ～ $\sqrt{t}$ 曲线交点所对应的时间的平方根即为试样固结度达 90% 所需的时间 t_{90}。该压力下的固结系数应按下式计算:

$$C_v = \frac{0.848(\bar{h})^2}{t_{90}} \qquad (10.2.16\text{-}1)$$

式中：C_v——固结系数（cm^2/s）；

$\overline{h}$——最大排水距离，等于某一压力下试样初始与终了高度的平均值之半（cm）；

t_{90}——固结度达90％所需的时间（s）。

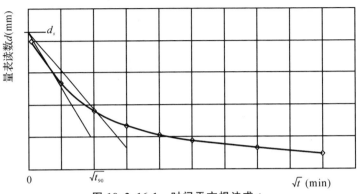

图 10.2.16-1 时间平方根法求 t_{90}

2 时间对数法：对于某一压力，以量表读数 d（mm）为纵坐标，时间的对数（min）为横坐标，绘制 $d\sim\log t$ 曲线（图 10.2.16-2）。延长 $d\sim\log t$ 曲线的开始线段，选任一时间 t_1，相对应的量表读数为 d_1，再取时间 $t_2 = \dfrac{t_1}{4}$，相对应的量表读数为 d_2，则 $2d_2 - d_1$ 之值为 d_{01}。如此再选取另一时间，依同法求得 d_{02}、d_{03}、d_{04} 等，取其平均值即为理论零点 d_0。延长曲线中部的直线段和通过曲线尾部数点切线的交点即为理论终点 d_{100}，则 $d_{50} = (d_0 + d_{100})/2$，对应于 d_{50} 的时间即为试样固结度达到50％所需的时间 t_{50}。按公式（10.1.16-3）计算该压力下的固结系数 C_v：

$$C_v = \frac{0.197(\overline{h})^2}{t_{50}} \qquad (10.2.16-2)$$

式中：t_{50}——固结度达50％所需的时间（s）。

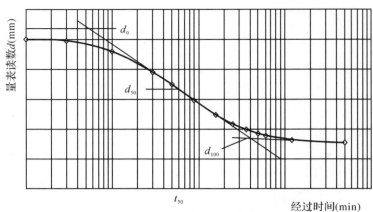

图 10.2.16-2 时间对数法求 t_{50}

10.2.17 次固结系数应按下列方法确定：

对于某一压力，以孔隙比 e 为纵坐标，时间的对数（min）为横坐标，绘制 $e \sim \log t$ 曲线。主固结束后试验曲线下部的直线段的斜率即为次固结系数。次固结系数应按下式计算：

$$C_\alpha = \frac{-\Delta e}{\log(t_2/t_1)} \qquad (10.2.17\text{-}1)$$

式中：C_α——次固结系数；

$\triangle e$——对应时间 t_1 到 t_2 的孔隙比的差值；

t_i——次固结某一时间（min）。

10.2.18 标准固结及回弹试验的记录格式见附录 D 表 D-12。

10.3 快速固结试验

10.3.1 仪器设备应符合本细则第 10.2.1 条的规定。

10.3.2 试验应按下列步骤进行：

1 快速固结试验加压后在各级压力下的测记 1h 的试样高度变化，当需要求取前期固结压力等参数或最大固结压力大于 800kPa 时，可用测记 2h 的试样高度变化，在最后一级压力下，还应测记达压缩稳定时的试样高度。稳定标准为每 1h 变形不大于 0.01mm。

2 其他应符合本细则第 10.2.4 条 1~3、5、8 款执行。

10.3.3 计算应符合本细则第 10.2.5 到 10.2.10 款的规定。对快速法所得试验结果,对测记 1h 的试样高度变化快速法所得试验结果,各级压力下试样的总变形量可按下式综合校正法计算:

$$\sum \Delta h_i = (h_i)_t \frac{(h_n)_T}{(h_n)_t} \tag{10.3.3}$$

式中:$\sum \Delta h_i$——某一压力下校正后的总变形量(mm);

$(h_i)_t$——某一压力下固结 1h 的总变形量减去该压力下的仪器变形量(mm);

$(h_n)_t$——最后一级压力下固结 1h 的总变形量减去该压力下的仪器变形量(mm);

$(h_n)_T$——最后一级压力下达到稳定标准的总变形量减去该压力下的仪器变形量(mm)。

对测记 2h 的试样高度变化快速法所得试验结果,各级压力下试样的总变应按次固结增量法计算。

10.3.4 制图应符合本细则第 10.1.13 条的规定。

10.3.5 快速固结试验的记录格式见附录 D 表 D-13。

11 直接剪切试验

11.1 一般规定

11.1.1 本试验分为快剪、固结快剪和慢剪三种方法。

11.1.2 本试验适用于细粒土。

11.2 仪器设备

11.2.1 本试验所用的仪器设备应符合下列规定：

1 应变控制式直剪仪（图 11.2.1）：包括剪切盒（水槽、上剪切盒、下剪切盒），垂直加压框架，负荷传感器或测力计，推动座等。

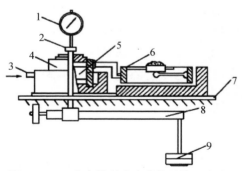

图 11.2.1 应变控制式直剪仪结构示意图

1—垂直变形百分表；2—垂直加压框架；3—推动座；4—剪切盒；

5—试样；6—测力计；7—台板；8—杠杆；9—砝码

2 位移量测设备：量程为 10mm，分度值为 0.01mm 的百分表；或最大允许误差应为±0.2%F.S 传感器。

3 天平：称量 500g，分度值 0.1g。

11.2.2 本试验所用的其他仪器设备应符合下列规定：

1 环刀：内径 61.8mm，高度 20mm。

2 其他：饱和器、削土刀（或钢丝锯）、秒表、滤纸、直尺。

11.3 慢剪试验

11.3.1 慢剪试验，应按下列步骤进行：

1 原状土试样制备，应按本细则第 3.0.5 条的步骤进行，扰动土试样制备按本细则第 3.0.6、3.0.7 条的步骤进行，每组试样不得少于 4 个，当试样需要饱和时，应按本细则第 3.0.9 条的步骤进行。

2 对准剪切容器上下盒，插入固定销，在下盒内放透水板和滤纸，将带有试样的环刀刃口向上，对准剪切盒口，在试样上放滤纸和透水板，将试样小心地推入剪切盒内。

注：透水板和滤纸的湿度接近试样的湿度。

3 移动传动装置，使上盒前端钢珠刚好与测力计接触，依次放上传压板、加压框架，安装垂直位移和水平位移量测装置，并调至零位或测记初读数。

4 垂直压力应符合下列规定：每组试验应取 4 个试样，在 4 种不同垂直压力下进行剪切试验。可根据工程实际和土的软硬程度施加各级垂直压力，垂直压力的各级差值要大致相等，各个垂直压力应轻轻施加，若土质松软，也可分级施加以防试样挤出，每次施加时间间隔不得少于 0.5 小时，特别软的土不宜少于 1 小时。施加压力后，向盒内注水，当试样为非饱和状态时，应在加压板周围包以湿棉纱。

5 施加垂直压力后，每 1h 测读垂直变形一次。直至试样固结变形稳定。变形稳定标准为每小时不大于 0.005mm，或用固结时间来控制变形稳定，施加最后一级荷载后黏性土稳定时间不得少于 8 小时，粉土和砂性土不得少于 3 小时。

6 待试样固结稳定后进行剪切。拔去固定销，剪切速率应小于 0.02mm/min。试样每产生剪切位移 0.2mm～0.4mm 测记测力计和位移读数,直至测力计读数出现峰值,应继续剪切至剪切位移为 4mm 时停机,记下破坏值;当剪切过程中测力计读数无峰值时,应剪切至剪切位移为 6mm 时停机。

7 当需要估算试样的剪切破坏时间,可按下式计算:

$$t_f = 50t_{50} \tag{11.3.1}$$

式中:t_f——达到破坏所经历的时间(min);

t_{50}——固结度达 50% 所需的时间(min)。

8 剪切结束,吸去盒内积水,退去剪切力和垂直压力,移动加压框架,取出试样,测定试样含水率。

11.3.2 剪应力应按下式计算:

$$\tau = \frac{C \cdot R}{A_0} \times 10 \tag{11.3.2}$$

式中:τ——试样所受的剪应力(kPa);

R——测力计量表读数(0.01mm)。

11.3.3 以剪应力为纵坐标,剪切位移为横坐标,绘制剪应力与剪切位移关系曲线(图 11.3.3),取曲线上剪应力的峰值为抗剪强度,无峰值时,取剪切位移 4mm 所对应的剪应力为抗剪强度。

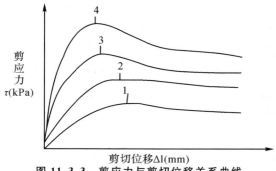

图 11.3.3　剪应力与剪切位移关系曲线

11.3.4 以抗剪强度为纵坐标,垂直压力为横坐标,绘制抗剪强度与垂直压力关系曲线(图 11.3.4),直线的倾角为摩擦角,

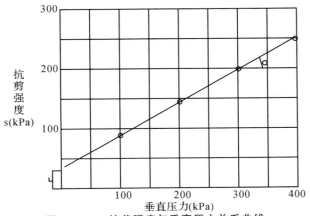

图 11.3.4 抗剪强度与垂直压力关系曲线

直线在纵坐标上的截距为黏聚力。

11.3.5 慢剪试验的记录格式见附录 D 表 D-14。

11.4 固结快剪试验

11.4.1 本试验所用的主要仪器设备,应与本细则第 11.2.1 条相同。

11.4.2 固结快剪试验,应按下列步骤进行:

1 试样制备、安装和固结,应按本细则第 11.3.1 条 1～5 款的步骤进行。

2 固结快剪试验以 0.8mm/min 的速率剪切,使试样在 3min～5min 内剪损,其剪切步骤应按本细则第 11.3.1 条 6、8 款的步骤进行。淤泥质土可采用 1.2mm/min 的剪切速率,淤泥可采用 2.4mm/min 的剪切速率。

11.4.3 固结快剪试验的计算应按本细则第 11.3.2 条的规定进行。

11.4.4 固结快剪试验的绘图应按本细则第 11.3.3、11.3.4 条的规定进行。

11.4.5 固结快剪试验的记录格式见附录 D 表 D-14。

11.5　快剪试验

11.5.1　本试验所用的主要仪器设备,应与本细则第 11.2.1 条相同。

11.5.2　快剪试验,应按下列步骤进行:

1　试样制备、安装应按本细则第 11.3.1 条 1~4 款的步骤进行。试样上下两面安装不透水板,或以硬塑料薄膜代替滤纸,不需安装垂直位移量测装置。

2　施加垂直压力,拔去固定销,立即以 0.8mm/min 的速率剪切,按本细则第 11.3.1 条 6、8 款的步骤进行剪切至试验结束。使试样在 3min~5min 内剪损。淤泥质土可采用 1.2mm/min 的剪切速率;淤泥可采用 2.4mm/min 的剪切速率。

11.5.3　快剪试验的计算应按本细则第 11.3.2 条的规定进行。

11.5.4　快剪试验的绘图应按本细则第 11.3.3、11.3.4 条的规定进行。

11.5.5　快剪试验的记录格式见附录 D 表 D-14。

12 无侧限抗压强度试验

12.1 一般规定

12.1.1 本试验方法适用于饱和软黏土。

12.1.2 本试验方法加荷方式为应变控制式。

12.2 仪器设备

12.2.1 本试验所用的主要仪器设备应符合下列规定：

1 应变控制式无侧限压缩仪（图 12.2.1）应包括负荷传感器或测力计、加压框架及升降螺杆等。应根据土的软硬程度选用不同量程的负荷传感器或测力计。

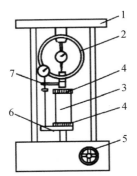

图 12.2.1 应变控制式无侧限压缩仪

1—轴向加荷架；2—轴向测力计；3—试样；4—上、下传压板；

5—手轮；6—升降板；7—轴向位移计

2 位移传感器或位移计（百分表）：量程 30mm，分度值 0.01mm。

3 天平：称量 1000g，分度值 0.1g。

12.2.2 本试验所用的其他仪器设备应符合下列规定：

1 重塑筒筒身应可以拆成两半，内径应为 3.5mm～4.0mm，高应为 80mm。

2 其他设备包括秒表、厚约 0.8cm 的铜垫板、卡尺、切土盘、直尺、削土刀、钢丝锯、薄塑料布、凡士林。

12.3 操作步骤

12.3.1 原状土试样制备应符合以下要求：

1 试样直径宜为 35mm～50mm，试样高度 h 与直径 D 之比 (h/D) 应为 2.0～2.5，对于有裂隙、软弱面或构造面的试样，直径 D 宜采用 101mm。

2 原状土试样制备应按规定将土样切成圆柱形。

1) 对于较软的土样，先用钢丝锯或切土刀切取一稍大于规定尺寸的土柱，放在切土盘上下圆盘之间，用钢丝锯或切土刀紧靠侧板，由上往下细心切削，边切削边转动圆盘，直至土样被削成规定的直径为止。试样切削时应避免扰动。

2) 对于较硬的土样，先用削土刀或钢丝锯切取一稍大于规定尺寸的土柱，上、下两端削平，按试样要求的层次方向，放在切土架上，用切土器切削（图 3.1.4-4）。先在切土器刀口内壁涂上一薄层油，将切土器的刀口对准土样顶面，边削土边压切土器，直至切削到比要求的试样高度约高 2cm。

3) 取出试样，按规定的高度将两端削平。试样的两端面应平整，互相平行，侧面垂直，上下均匀。在切样过程中，当试样表面因遇砾石而成孔洞时，允许用切削下的余土填补。

4) 将切削好的试样称量，直径 101mm 的试样应准确至 1g；直径 61.8mm 和 39.1mm 的试样应准确至 0.1g。取切下的余土，平行测定含水率，取其平均值作为试样的含水率。试样高度和直径用卡尺量测，试样的平均直径应按下式计算：

$$D_0 = \frac{D_1 + 2D_2 + D_3}{4} \qquad (12.3.1)$$

式中：D_0——试样平均直径（mm）；

D_1、D_2、D_3——分别为试样上、中、下部位的直径（mm）。

5）对于特别坚硬和很不均匀的土样，当不易切成平整、均匀的圆柱体时，允许切成与规定直径接近的柱体，按所需试样高度将上下两端削平，称取质量，然后包上橡皮膜，用浮称法称试样的质量，并换算出试样的体积和平均直径。

6）对于直径大于 10cm 的土样，可用分样器切成 3 个土柱，按上述方法切取 Φ39.1mm 的试样。

12.3.2 无侧限抗压强度试验，应按下列步骤进行：

1 将试样两端抹一薄层凡士林，在气候干燥时，试样周围亦需抹一薄层凡士林，防止水分蒸发。

2 将试样放在底座上，转动手轮，使底座缓慢上升，试样与加压板刚好接触，将测力计读数调整为零。

3 轴向应变速率宜为每分钟应变 1%～3%，转动手柄，使升降设备上升进行试验，轴向应变小于 3% 时，每隔 0.5% 应变（或 0.4mm）读数一次，轴向应变等于、大于 3% 时，每隔 1% 应变（或 0.8mm）读数一次。试验宜在 8min～10min 内完成。

4 当测力计读数出现峰值时，继续进行 3%～5% 的应变后停止试验；当读数无峰值时，试验应进行到应变达 20% 为止。

5 试验结束，取下试样，描述试样破坏后的形状。

6 当需要测定灵敏度时，应立即将破坏后的试样除去涂有凡士林的表面，加少许余土，包于塑料薄膜内用手搓捏，破坏其结构，重塑成圆柱形，放入重塑筒内，用金属垫板，将试样挤成与原状试样尺寸、密度相等的试样，并按本条 1～5 款的步骤进行试验。

12.4 计算、制图和记录

12.4.1 轴向应变,应按下式计算:

$$\varepsilon_1 = \frac{\Delta h}{h_0} \times 100 \qquad (12.4.1)$$

12.4.2 试样面积的校正,应按下式计算:

$$A_a = \frac{A_0}{1 - \varepsilon_1} \qquad (12.4.2)$$

12.4.3 试样所受的轴向应力,应按下式计算:

$$\sigma = \frac{C \cdot R}{A_a} \times 10 \qquad (12.4.3)$$

式中:σ——轴向应力(kPa);

C——测力计率定系数(N/0.01mm);

R——测力计读数(0.01mm);

A_a——试样剪切时的面积(cm²)。

12.4.4 以轴向应力为纵坐标,轴向应变为横坐标,绘制轴向应力与轴向应变关系曲线(图12.4.4)。取曲线上最大轴向应力作为无侧限抗压强度,当曲线上峰值不明显时,取轴向应变15%所对应的轴向应力作为无侧限抗压强度。

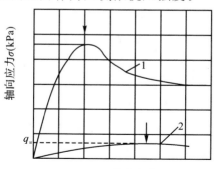

图12.4.4 轴向应力与轴向应变关系曲线

1—原状试样;2—重塑试样

12.4.5 灵敏度应按下式计算：

$$S_t = \frac{q_u}{q'_u} \qquad (12.4.5)$$

式中：S_t——灵敏度；

q_u——原状试样的无侧限抗压强度(kPa)；

q'_u——重塑试样的无侧限抗压强度(kPa)。

12.4.6 无侧限抗压强度试验的记录格式见附录 D 表 D-15。

13 三轴压缩试验

13.1 一般规定

13.1.1 本试验方法适用于粒径小于 20mm 的土，试样高度 h 与直径 D 之比(h/D)应为 $2.0\sim2.5$，对于有裂隙、软弱面或构造面的试样，直径 D 宜采用 101mm。

13.1.2 根据排水条件的不同，本试验分为不固结不排水剪(UU)试验，固结不排水剪(CU)测孔隙水压力($\overline{CU}$)试验和固结排水剪(CD)试验。

13.1.3 本试验必须制备 3 个以上性质相同的试样，在不同的周围压力下进行试验。周围压力宜根据工程实际荷重确定。对于填土，最大一级周围压力应与最大的实际荷重大致相等。对于无法取得多个试样、灵敏度较低的原状土可采用一个试样多级加荷试验。

13.2 仪器设备

13.2.1 本试验所用的主要仪器设备，应符合下列规定：

1 应变控制式三轴仪(图 13.2.1-1)：由压力室、轴向加压设备、周围压力系统、反压力系统、孔隙水压力量测系统、轴向变形和体积变化量测系统组成。

2 附属设备：包括击样器、饱和器、切土器、原状土分样器、切土盘、承膜筒和对开圆膜，应符合下图要求：

1)击样器、饱和器。

2)切土盘、切土器和原状土分样器。

3)承膜筒及对开圆模(图 13.2.1-2)。

4）对开圆模（图 13.2.1-3）。

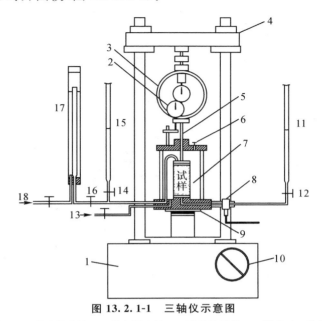

图 13.2.1-1　三轴仪示意图

1—试验机；2—轴向位移计；3—轴向测力计；4—试验机横梁；5—活塞；6—排气孔；7—压力室；8—孔隙压力传感器；9—升降台；10—手轮；11—排水管；12—排水管阀；13—周围压力；14—排水管阀；15—量水管；16—体变管阀；17—体变管；18—反压力

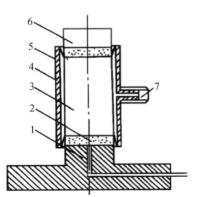

图 13.2.1-2　承膜筒安装示意图

1—压力室底座；2—透水板；3—试样；4—承膜筒；5—橡皮膜；6—上帽；7—吸气孔

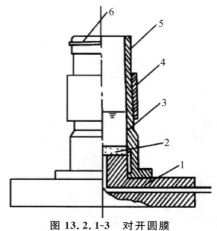

图 13.2.1-3 对开圆膜

1—压力室底座;2—透水板;3—制样圆膜(两片合成);

4—紧箍;5—橡皮膜;6—橡皮圈

3 天平:称量 200g,最小分度值 0.01g;称量 1000g,最小分度值 0.1g。

4 橡皮膜:应具有弹性的乳胶膜,对直径 39.1mm 和 61.8mm 的试样,厚度以 0.1mm～0.2mm 为宜,对直径 101mm 的试样,厚度以 0.2mm～0.3mm 为宜。

5 透水板:与试样直径相等,其渗透系数宜大于试样,使用前在水中煮沸并泡于水中。

6 负荷传感器:轴向力的最大允许误差为±1%。

7 位移传感器(或量表):量程 30mm,分度值 0.01mm。

13.2.2 试验时的仪器,应符合下列规定:

1 周围压力的测量准确度最大允许误差为±1%,根据试样的强度大小,选择不同量程的测力计,应使最大轴向压力的测量最大允许误差为±1%。

2 孔隙压力量测系统的气泡应排除。其方法是:孔隙压力量测系统中充以无气水并施加压力,小心打开孔隙压力阀,让管路中的气泡从压力室底座排出。应反复几次直到气泡完全冲出为止。孔隙压力量测系统的体积因数,应小于 $1.5 \times 10^{-5} \text{cm}^3/\text{kPa}$。

3 排水管路应通畅。活塞在轴套内应能自由滑动,各连接处应无漏水漏气现象。仪器检查完毕,关周围压力阀、孔隙压力阀和排水阀以备使用。

4 橡皮膜在使用前应仔细检查,其方法是扎紧两端,向膜内充气,在水中检查,应无气泡溢出,方可使用。

13.3 不固结不排水剪试验

13.3.1 试样的安装,应按下列步骤进行:

1 对压力室底座充水,在压力室的底座上,依次放上不透水板、试样及不透水试样帽,将橡皮膜用承膜筒套在试样外,并用橡皮圈将橡皮膜两端与底座及试样帽分别扎紧。

2 将压力室罩顶部活塞提高,放下压力室罩,将活塞对准试样中心,并均匀地拧紧底座连接螺母。开排气孔,向压力室内注满纯水,待压力室顶部排气孔有水溢出时,拧紧排气孔,并将活塞对准测力计和试样顶部。

3 将离合器调至粗位,转动粗调手轮,当试样帽与活塞及测力计接近时,将离合器调至细位,改用细调手轮,使试样帽与活塞及测力计接触,装上变形指示计,将测力计和变形指示计调至零位。

4 关体变传感器或体变管阀及孔隙压力阀,开周围压力阀,施加所需的周围压力。周围压力大小应与工程的实际小主应力相适应,并尽可能使最大周围压力与土体的最大实际小主应力大致相等。也可按 100、200、300、400kPa 施加。

13.3.2 剪切试样应按下列步骤进行:

1 剪切应变速率宜为每分钟应变 0.5%～1.0%。

2 启动电动机,合上离合器,开始剪切。试样每产生 0.3%～0.4%的轴向应变(或 0.2mm 变形值),测记一次测力计读数和轴向变形值。当轴向应变大于 3%时,试样每产生 0.7%～0.8%

的轴向应变(或 0.5mm 变形值),测记一次。

3 当出现峰值后,再继续剪 3%～5%轴向应变;若轴向力读数无明显减少,则剪切至轴向应变达 15%～20%。

4 试验结束,关电动机,关周围压力阀,脱开离合器,将离合器调至粗位,转动粗调手轮,将压力室降下,打开排气孔,排除压力室内的水,拆卸压力室罩,拆除试样,描述试样破坏形状,称试样质量,并测定试验后含水率。对于直径为 39.1mm 的试样,宜取整个试样烘干;直径为 61.8mm 和 101mm 的试样,允许切取剪切面附近有代表性的部分土样烘干。

13.3.3 轴向应变应按下式计算:

$$\varepsilon_1 = \frac{\Delta h_1}{h_0} \times 100 \qquad (13.3.3)$$

式中:ε_1——轴向应变(%);

h_1——剪切过程中试样的高度变化(mm);

h_0——试样初始高度(mm)。

13.3.4 试样面积的校正,应按下式计算:

$$A_a = \frac{A_0}{1 - \varepsilon_1} \qquad (13.3.4)$$

式中:A_a——试样的校正断面积(cm^2);

A_0——试样的初始断面积(cm^2)。

13.3.5 主应力差应按下式计算:

$$\sigma_1 - \sigma_3 = \frac{CR}{A_a} \times 10 \qquad (13.3.5)$$

式中:$\sigma_1 - \sigma_3$——主应力差(kPa);

σ_1——大总主应力(kPa);

σ_3——小总主应力(kPa);

C——测力计率定系数(或 N/0.01mm 或 N/mV);

R——测力计读数(0.01mm);

10——单位换算系数。

13.3.6 以主应力差为纵坐标,轴向应变为横坐标,绘制主应力差与轴向应变关系曲线(图13.3.6)。取曲线上主应力差的峰值作为破坏点,无峰值时,取15%轴向应变时的主应力差值作为破坏点。

13.3.7 以法向应力σ为横坐标,剪应力τ为纵坐标。在横坐标上以$\dfrac{(\sigma_{1f}+\sigma_{3f})}{2}$为圆心,$\dfrac{(\sigma_{1f}-\sigma_{3f})}{2}$为半径(f注脚表示破坏时的值),绘制破坏总应力圆后,作诸圆包线。该包线的倾角为内摩擦角φ_u,包线在纵轴上的截距为黏聚力c_u(图13.3.7)。

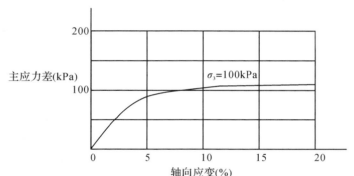

图 13.3.6　主应力差与轴向应变关系曲线

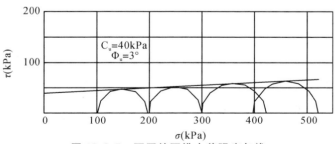

图 13.3.7　不固结不排水剪强度包线

13.3.8 不固结不排水剪试验的记录格式见附录D表D-16。

13.4 固结不排水剪试验

13.4.1 试样的安装，应按下列步骤进行：

1 开孔隙水压力阀和量管阀，对孔隙水压力系统及压力室底座充水排气后，关孔隙水压力阀和量管阀。压力室底座上依次放上透水板、湿滤纸、试样、湿滤纸、透水板，试样周围贴浸水的滤纸条7～9条。将橡皮膜用承膜筒套在试样外，并用橡皮圈将橡皮膜下端与底座扎紧。打开孔隙水压力阀和量管阀，使水缓慢地从试样底部流入，排除试样与橡皮膜之间的气泡，关闭孔隙水压力阀和量管阀。打开排水阀，使试样帽中充水，放在透水板上，用橡皮圈将橡皮膜上端与试样帽扎紧，降低排水管，使管内水面位于试样中心以下20mm～40mm，吸除试样与橡皮膜之间的余水，关排水阀。需要测定土的应力应变关系时，应在试样与透水板之间放置中间夹有硅脂的两层圆形橡皮膜，膜中间应留有直径为1cm的圆孔排水。

2 压力室罩安装、充水及测力计调整应按本细则第13.3.1条3款的步骤进行。

13.4.2 试样排水固结应按下列步骤进行：

1 调节排水管使管内水面与试样高度的中心齐平，测记排水管水面读数。

2 开孔隙水压力阀，使孔隙水压力等于大气压力，关孔隙水压力阀，记下初始读数。当需要施加反压力时，应按本细则第13.3.5条3款的步骤进行。

3 将孔隙水压力调至接近周围压力值，施加周围压力后，再打开孔隙水压力阀，待孔隙水压力稳定测定孔隙水压力。

4 打开排水阀。当需要测定排水过程时，应按本细则第11.1.5条6款的步骤测记排水管水面及孔隙水压力读数，直至孔隙水压力消散95％以上。固结完成后，关排水阀，测记孔隙水压力和排水管水面读数。

5 微调压力机升降台,使活塞与试样接触,此时轴向变形指示计的变化值为试样固结时的高度变化。

13.4.3 剪切试样应按下列步骤进行:

1 剪切应变速率黏土宜为每分钟应变 $0.05\%\sim0.1\%$;粉土为每分钟应变 $0.1\%\sim0.5\%$。

2 将测力计、轴向变形指示计及孔隙水压力读数均调整至零。

3 启动电动机,合上离合器,开始剪切。测力计、轴向变形、孔隙水压力应按本细则第 13.3.2 条 2、3 款的步骤进行测记。

4 试验结束,关电动机,关各阀门,脱开离合器,将离合器调至粗位,转动粗调手轮,将压力室降下,打开排气孔,排除压力室内的水,拆卸压力室罩,拆除试样,描述试样破坏形状,称试样质量,并测定试样含水率。

13.4.4 试样固结后的高度,应按下式计算:

$$h_c = h_0 \left(1 - \frac{\Delta V}{V_0}\right)^{1/3} \qquad (13.4.4)$$

式中:h_c——试样固结后的高度(cm);

ΔV——试样固结后与固结前的体积变化(cm³)。

13.4.5 试样固结后的面积,应按下式计算:

$$A_c = A_0 \left(1 - \frac{\Delta V}{V_0}\right)^{2/3} \qquad (13.4.5)$$

式中:A_c——试样固结后的断面积(cm²)。

13.4.6 试样面积的校正,应按下式计算:

$$A_a = \frac{A_0}{1 - \varepsilon_1} \qquad (13.4.6)$$

$$\varepsilon_1 = \frac{\Delta h}{h_0}$$

13.4.7 主应力差按本细则式(13.3.5)计算。

13.4.8 有效主应力比应按下式计算:

1 有效大主应力:

$$\sigma'_1 = \sigma_1 - u \qquad (13.4.8\text{-}1)$$

式中：σ'_1——有效大主应力(kPa)；

$\quad u$——孔隙水压力(kPa)。

2 有效小主应力：

$$\sigma'_3 = \sigma_1 - u \qquad (13.4.8\text{-}2)$$

式中：σ'_3——有效小主应力(kPa)。

3 有效主应力比：

$$\frac{\sigma'_1}{\sigma'_3} = 1 + \frac{\sigma'_1 - \sigma'_3}{\sigma'_3} \qquad (13.4.8\text{-}3)$$

13.4.9 孔隙水压力系数，应按下式计算：

1 初始孔隙水压力系数：

$$B = \frac{u_0}{\sigma_3} \qquad (13.4.9\text{-}1)$$

式中：B——初始孔隙水压力系数；

$\quad u_0$——施加周围压力产生的孔隙水压力(kPa)。

2 破坏时孔隙水压力系数：

$$A_f = \frac{u_f}{B(\sigma_1 - \sigma_3)} \qquad (13.4.9\text{-}2)$$

式中：A_f——破坏时的孔隙水压力系数；

$\quad u_f$——试样破坏时主应力差产生的孔隙水压力(kPa)。

13.4.10 主应力差与轴向应变关系曲线，应按本细则第13.3.6款的规定绘制(图13.3.6)。

13.4.11 以有效应力比为纵坐标，轴向应变为横坐标，绘制有效应力比与轴向应变关系曲线(图13.4.11)。

13.4.12 以孔隙水压力为纵坐标，轴向应变为横坐标，绘制孔隙水压力与轴向应变关系曲线(图13.4.12)。

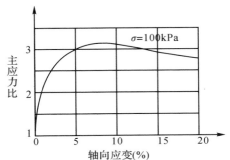

图 13.4.11　有效应力比与轴向应变关系曲线

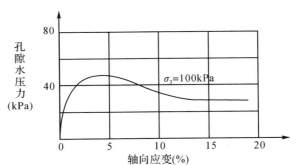

图 13.4.12　孔隙水压力与轴向应变关系曲线

13.4.13　以 $\dfrac{\sigma'_1-\sigma'_3}{2}$ 为纵坐标，$\dfrac{\sigma'_1+\sigma'_3}{2}$ 为横坐标，绘制有效应力路径曲线（图 13.4.13），并计算有效内摩擦角和有效黏聚力。

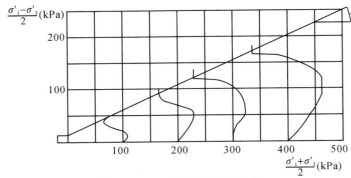

图 13.4.13　有效应力路径曲线

1 有效内摩擦角：

$$\varphi' = \sin^{-1}\tan\alpha \qquad (13.4.13\text{-}1)$$

式中：φ'——有效内摩擦角(°)；

α——应力路径图上破坏点连线的倾角(°)。

2 有效黏聚力：

$$c' = \frac{d}{\cos\varphi'} \qquad (13.4.13\text{-}2)$$

式中：c'——有效黏聚力(kPa)；

d——应力路径上破坏点连线在纵轴上的截距(kPa)。

13.4.14 以主应力差或有效主应力比的峰值作为破坏点，无峰值时，以有效应力路径的密集点或轴向应变15%时的主应力差值作为破坏点，按本细则第13.3.7条的规定绘制破损应力圆及不同周围压力下的破损应力圆包线，并求出总应力强度参数；有效内摩擦角和有效黏聚力，应以$\dfrac{\sigma'_1 + \sigma'_3}{2}$为圆心，$\dfrac{\sigma'_1 - \sigma'_3}{2}$为半径绘制有效破损应力圆(图13.4.14)。

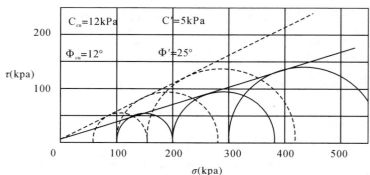

图 13.4.14 固结不排水剪强度包线

13.4.15 固结不排水剪试验的记录格式见附录D表D-16。

13.5 固结排水剪试验

13.5.1 试样的安装、固结、剪切应按本细则第13.4.1～

13.4.3 条的步骤进行。但在剪切过程中应打开排水阀。剪切速率采用每分钟应变 0.003%～0.012%。

13.5.2 试样固结后的高度、面积,应按本细则式(13.4.4)和式(13.4.5)计算。

13.5.3 剪切时试样面积的校正,应按下式计算:

$$A_a = \frac{V_c - \Delta V_i}{h_c - \Delta h_i} \qquad (13.5.3)$$

式中:ΔV_i——剪切过程中试样的体积变化(cm^3);

Δh_i——剪切过程中试样的高度变化(cm)。

13.5.4 主应力差按本细则式(13.3.5)计算。

13.5.5 有效应力比及孔隙水压力系数,应按本细则式(13.4.8)和式(13.4.9)计算。

13.5.6 主应力差与轴向应变关系曲线应按本细则第 13.3.6 条规定绘制。

13.5.7 主应力比与轴向应变关系曲线应按本细则第 13.4.11 条规定绘制。

13.5.8 以体积应变为纵坐标,轴向应变为横坐标,绘制体积应变与轴向应变关系曲线。

13.5.9 破损应力圆、有效内摩擦角和有效黏聚力应按本细则第 13.4.14 条的步骤绘制和确定(图 13.5.9)。

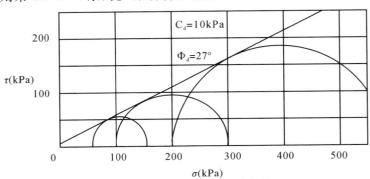

图 13.5.9 固结排水剪强度包线

13.5.10 固结排水剪试验的记录格式见附录 D 表 D-16。

13.6 一个试样多级加荷试验

13.6.1 本试验仅适用于无法切取多个试样、灵敏度较低的原状土。

13.6.2 不固结不排水剪试验,应按下列步骤进行:

1 试样的安装,应按本细则第 13.3.1 条的步骤进行。

2 施加第一级周围压力,试样剪切应按本细则第 13.3.2 条 1 款规定的应变速率进行。当测力计读数达到稳定或出现倒退时,测记测力计和轴向变形读数。关电动机,将测力计调整为零。

3 施加第二级周围压力,此时测力计因施加周围压力读数略有增加,应将测力计读数调至零位。然后转动手轮,使测力计与试样帽接触,并按同样方法剪切到测力计读数稳定。如此进行第三、第四级周围压力下的剪切。累计的轴向应变不超过 20%。

4 试验结束后,按本细则第 13.3.2 条 4 款的步骤拆除试样,称试样质量,并测定含水率。

5 计算及绘图应按本细则第 13.3.3～13.3.7 条的规定进行,试样的轴向应变按累计变形计算(图 13.6.2)。

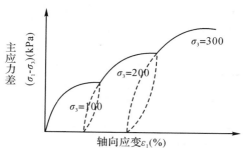

图 13.6.2　不固结不排水剪的应力应变关系

13.6.3 固结不排水剪试验,应按下列步骤进行:

1 试样的安装,应按本细则第 13.4.1 条的规定进行。

2 试样固结应按本细则第 13.4.2 条的规定进行。第一级周围压力宜采用 50kPa,第二级和以后各级周围压力应等于、大于前一级周围压力下的破坏大主应力。

3 试样剪切按本细则第 13.4.3 条的规定进行。第一级剪切完成后,退除轴向压力,待孔隙水压力稳定后施加第二级周围压力,进行排水固结。

4 固结完成后进行第二级周围压力下的剪切,并按上述步骤进行第三级周围压力下的剪切,累计的轴向应变不超过 20%。

5 试验结束后,拆除试样,称试样质量,并测定含水率。

6 计算及绘图应按本细则第 13.4.4～13.4.14 条的规定进行。试样的轴向变形,应以前一级剪切终了退去轴向压力后的试样高度作为后一级的起始高度,计算各级周围压力下的轴向应变(图 13.6.3)。

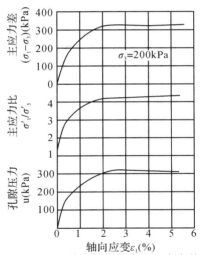

图 13.6.3 固结不排水剪应力—应变关系

13.6.4 一个试样多级加荷试验的记录格式见附录 D 表 D-16。

14 静止侧压力系数试验

14.1 一般规定

14.1.1 本试验方法适用于饱和的细粒土。

14.1.2 试验方法采用 K_0 固结法或三轴法。

14.2 仪器设备

14.2.1 K_0 固结法

1 侧压力仪,见图 14.2.1。

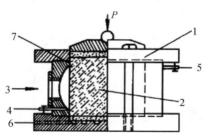

图 14.2.1 侧压力仪 K_0 试验装置示意图

1—侧压力容器;2—试样;3—接压力传递系统;
4—进水孔;5—排气孔阀;6—固结排水孔;7—O 型圈

2 轴向加压设备:杠杆式或布进驱动电机。

3 侧向压力量测设备:包括压力传感器,准确度为全量程的 0.5%F.S.。

4 切土环刀:内径 61.8mm,高度 40mm。

5 其他:钢丝锯、切土刀、定位校正样块(内径 61.8mm,高度 100mm)、薄硅脂、顶土器、脱气水、滤纸等。

14.2.2 三轴法

本试验所采用的仪器符合本细则第 13.2 节三轴压缩试验的仪器要求。

14.2.3 使用前仪器检查

1 侧压力仪

1)排除密闭受压室内和测压系统的气泡。其方法是打开排气孔阀,从进水孔注入纯水,当排气孔溢出水时,用手挤压受压室内的橡皮膜,使受压室中的水从排气阀冲出。如此反复数次,直至无气泡溢出。排气完毕,关排气阀,拧紧进水孔螺丝(阀)。

2)用校正样块代替试样,慢慢放入容器内,开排气孔阀使受压室多余的水从排气孔泻出,使橡皮膜平整并紧贴校正样块。关排气孔阀,用侧压力量测系统逐级施加压力,直至压力达500kPa。如压力表读数不下降,表示受压室和各管路系统不漏水。然后卸除压力,取出校正块。

2 三轴仪

三轴仪试验前的仪器检查工作按本细则第 13.2 节三轴压缩试验中的要求进行。

14.3 操作步骤

14.3.1 K_0 固结法应按下列步骤进行:

1 试样的制备按照第 3.0.1～3.0.5 条的规定进行。试样制备好后应按照第 3.0.9 条的规定进行饱和,饱和度要求达到95％以上。

2 打开底座进水三通阀,用调压针筒抽出密闭受压室中的部分水,使橡皮膜凹进,在橡胶套内壁和上下抹一层薄硅脂,将试样推入环刀,贴上滤纸条,再将抽出的水压回受压室,使试样与橡皮膜紧密接触,关闭底座进水阀。放上透水板、护水圈、压力板、钢珠,将容器置于加压框架正中,施加 1kPa 预压力,安装轴向位移计,并调整至零位。

3 打开连接侧压力测量装置的阀门,调平电测仪表,测记受压室中水压力为零时的压力传感器读数。

4 施加轴向压力,压力等级一般按照 25、50、100、200、400kPa 施加。施加每级轴向压力后,随时调平电测仪表,按照 0.5、1、4、9、16、25、36、49、100min……的时间间隔测记仪表读数和轴向变形,直至变形稳定,再加下一级轴向压力。试样变形稳定标准为每小时变形量不大于 0.01mm。

5 试验结束后,关闭连接侧压力装置阀门,卸去轴向压力,拆除护水圈、传压板及透水板等。需要时,取出试样称量,并测定含水率。

14.3.2 三轴法应按下列步骤进行:

1 试样制备工作按本细则第 3.0.5 条、3.0.8 条进行。

2 测试原理与方法。

样品在侧压力作用下产生固结排水,势必导致轴向和侧向的同时变形,通过调节轴向压力,使样品轴向的体积变形等于样品排水量,可近似地认为样品的截面积保持不变,从而模拟侧向不变形条件,即:$\delta_v = \delta_h \times a_0$,通过测量不同侧向压力下的轴向压力和孔隙压力,绘制($\sigma_1 \sim \sigma_3$)关系曲线,根据曲线斜率求出静止侧压力系数。

在围压恒定条件下调节轴向变形,模拟侧向不变形条件,测定各级侧压力下对应的轴向应力,求得静止侧压力系数。

3 试验步骤:

1)样品制备:待测样品切制成直径 39.1mm、高 80.0mm 的柱形试件。

2)试件饱和:将土样放入饱和器里进行大于 1h 的抽气(砂类土和粉土可以直接注水饱和),并注水饱和一昼夜,使试样充分饱和。

3)样品安装:用反压调压筒注水驱除试件底座和压帽内的气泡,将试件两端贴上润湿的滤纸圆片后垫上透水板,并在试件侧边加贴 6mm 宽的滤纸条 7~9 条,借助承膜筒及对开模具,将试件安装到压力室中,底座和压帽均用橡皮筋扎紧。

4)等向固结参数设定

①符合下列条件之一的可判定固结过程结束:

a. 孔压消散:以孔隙水压力消散判定,如果固结度达到设定值自动结束固结过程。

b. 排水增量:以排水增量判定,如果 Δt 时间内试样的排水增量不大于设定值 ΔV 自动结束固结过程。

②固结度:孔隙水压力消散程度,一般应设$\geqslant 95\%$。

③排水增量:ΔV,在 Δt 时间内试样的排水增量小于 ΔV 时自动结束固结过程。一般采用 0.10mL/10min。

④判定排水增量间隔:Δt,测定 Δv 的间隔,一般采用 10min。

⑤ΔV 增量:试样垂向压缩体积变化量(cm^3),一般采用 0.03cm^3/10min。

⑥孔压增量(kPa):1.0kPa/10min。

⑦ σ_3 预压:开始 K_0 固结试验时,先施加 σ_3 进行预压,一般可设 20~30kPa。

⑧ $\Delta\sigma_3$:每次加围压增加量。

5)开机进行试验,适时检查仪器运行是否正常。

6)试验结束后,保存数据。

14.4 计算、制图和记录

14.4.1 计算侧向压力:

$$\sigma'_3 = C(R - R_0) \qquad (14.4.1)$$

式中:σ'_3——密封受压室的水压力,即侧向有效应力(kPa);

C——压力传感器比例常数 kPa/$\mu\varepsilon$(kPa/mV);

R_0——侧向压力等于零时,电侧仪表的初读数($\mu\varepsilon = 10^{-6}$,mV);

R——试样竖向变形稳定时电侧仪表读数($\mu\varepsilon = 10^{-6}$,mV)。

14.4.2 以有效轴向压力为横坐标,有效侧向压力为纵坐标,绘制 $\sigma'_1 \sim \sigma'_3$ 关系曲线,其斜率为静止侧压力系数,即:

$$K_0 = \frac{\sigma'_3}{\sigma'_1} \tag{14.4.2}$$

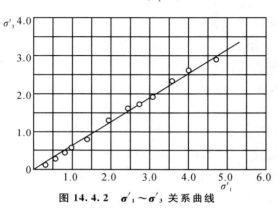

图 14.4.2 $\sigma'_1 \sim \sigma'_3$ 关系曲线

14.4.3 本试验记录表格见附录 D 表 D-17。

15 弹性模量试验

15.1 一般规定

15.1.1 本试验适用于饱和原状细粒土。

15.1.2 本试验采用应力控制式三轴仪。

15.2 仪器设备

15.2.1 本试验所用的主要仪器设备应符合下列规定：

1 应力控制式三轴仪：如图 15.2.1。

2 天平：称量 200g，分度值 0.01g；称量 1000g，分度值 0.1g。

3 位移计（千分表）：量程 2mm，分度值 0.001mm。

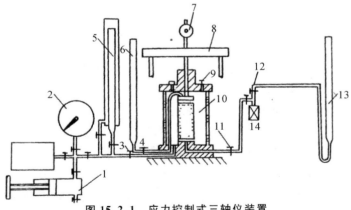

图 15.2.1 应力控制式三轴仪装置

1—调压筒；2—周围压力表；3—周围压力阀；4—排水阀；5—体变管；6—排水管；7—轴向位移计；8—轴向加压设备；9—排气孔；10—压力室；11—孔隙压力阀；12—量管阀；13—量管；14—孔压传感器

15.2.2 本试验所用的附属设备应符合本细则第 13.2 节三轴压缩试验中的规定。

15.3 操作步骤

15.3.1 原状土试样制备按本细则 3.0.5 条、3.0.8 条的规定进行。

15.3.2 试样饱和按本细则 3.0.9 条的规定进行。

15.3.3 弹性模量试验应按下列步骤进行：

1 试样安装和固结按本细则 13.4.1 条、13.4.2 条的规定进行。

2 试样 K_0 固结按本细则 14.3 节静止侧压力系数试验的规定进行。若不需要加反压力，排水量由排水管测读。

3 关排水阀和孔隙压力阀，将轴向位移计调整至零位。分级加轴向压力，每级压力按预计的试样破坏主应力差的 $1/10 \sim 1/12$ 施加。

4 施加第 1 级压力，同时开动秒表，测记加压后 1min 时位累计的读数。每隔 1min 施加一级压力，测记位移计读数 1 次，施压到第 4 级压力为止。

5 在测记第 4 级压力施加后 1min 位移计读数的同时，逐级加压。每隔 1min 卸去一级，并测记卸压后 1min 的位移计读数，直至施加的轴向压力全部卸去。

6 在测记最后一级压力卸去后 1min 位移计读数时，按本条第 4 款至第 5 款的规定重复加荷、卸荷 4～5 遍后，继续加压。测记每级压力施加后 1min 位移计读数，直至破坏为止。

7 关周围压力阀，卸去轴向压力，拆除试样，称试样质量并测定试验后含水率。

15.4 计算、制图和记录

15.4.1 绘制加压、卸压与轴向变形关系曲线，如图 15.4.1

所示。将最后一个滞回圈的两端点连成直线,其斜率为土的弹性模量。

15.4.2 按式(15.4.2)计算试样弹性模量:

$$E = \frac{\dfrac{\sum \Delta p}{A_0}}{\dfrac{\sum \Delta h}{h_c}} \times 10 \qquad (15.4.2)$$

式中:E ——试样的弹性模量(kPa);

Δp ——每级轴向荷载(N);

$\sum \Delta h$ ——相应于总压力下的弹性变形(mm);

A_0 ——试样初始面积(cm^2);

h_c ——试样固结后高度(mm);

10——单位换算系数。

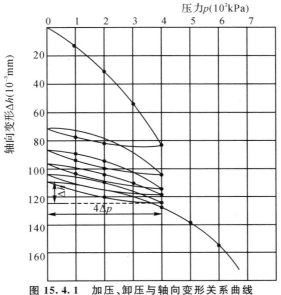

图 15.4.1 加压、卸压与轴向变形关系曲线

15.4.3 本试验的记录见附录 D 表 D-18。

16 基床系数试验

16.1 一般规定

16.1.1 本试验方法适用于饱和的细粒土。

16.1.2 试验方法采用 K_0 固结仪法或三轴仪法。

16.2 K_0 固结仪法

16.2.1 仪器设备

1 静止侧压力系数测试仪（K_0 仪）。

2 固结仪。

3 位移百分表或数据采集仪。

16.2.2 操作步骤

1 K_0 仪使用前排除密闭室和侧压力系统的气泡，并检查验证受压室及管路系统不漏水。

2 用内径 61.8mm，高 40mm 的环刀切取原状土试样，推入 K_0 固结仪容器中，装上侧压力传感器，排除受压室及管路系统的气泡，安装加压框架和位移传感器。

3 施加 1kPa 的预压力使试样与仪器上下各部件之间接触，将位移传感器调整到合适位置。

4 确定需要施加的各级压力，压力等级宜为 25、50、75、100、150、200、300、400kPa。

5 施加第一级压力，退去预压力；施加剩余的各级压力直至试验结束。每级压力数按照 0.5、1、4、9、16、25、36、49、64min······的时间间隔测记仪表读数和轴向变形。

16.2.3 基床系数计算

黏性土：

$$K_v = K_1 \times \frac{P_s}{S_s} \qquad (16.2.3\text{-}1)$$

砂性土：

$$K_v = K_2 \times \frac{P_s}{S_s} \qquad (16.2.3\text{-}2)$$

式中：K_v——基准基床系数（MPa/m），计算取一位小数；

P_s——$P \sim S$ 曲线上土样下沉量基准值所对应的压力（kPa）；

S_s——土样下沉量基准值（取 1.25mm）；

K_1、K_2——面积校正系数，分别取 0.203、0.114。

当 $P \sim S$ 曲线不过原点时应当先校正至原点，也可以计算 $P \sim S$ 曲线上直线段斜率作为基床系数。

16.2.4 本试验的记录格式见附录 D 表 D-19。

16.3 固结试验计算法

16.3.1 仪器设备

同本细则 10.2.1 条、10.2.2 条。

16.3.2 操作步骤

同本细则 10.2.3 条、10.2.4 条。

16.3.3 计算

根据固结试验中测得的应力与变形关系来确定基床系数 K_v：

$$K_v = \frac{\sigma_2 - \sigma_1}{e_1 - e_2} \times \frac{1 + e_m}{h_0} \qquad (16.3.3)$$

式中：K_v——基床系数（MPa/m），计算取一位小数；

$\sigma_2 - \sigma_1$——应力增量（MPa）；

$e_1 - e_2$——相应的孔隙比增量；

e_m——平均孔隙比 $e_m = \dfrac{e_1 + e_2}{2}$；

h_0——样品高度(m)。

16.3.4 本试验的记录格式见附录 D 表 D-20。

16.4 应力加荷法(三轴仪法)

16.4.1 仪器设备

同本细则 13.2 节规定。

16.4.2 操作步骤

1 试样制备与饱和处理同本细则 13.3 节规定;

2 试样安装和固结应符合下列规定:

1)试样安装应符合本细则第 13.5 节的规定。

2)将试样在 K_0 条件下进行排水固结,侧向围压应按下式计算,排水固结应按本细则第 13.5 节的规定进行。

$$\sigma_3 = K_0 \times \sigma_1 \qquad (16.4.2\text{-}1)$$

$$\sigma_1 = \gamma \times h_0 \qquad (16.4.2\text{-}2)$$

式中:σ_1——轴向应力(kPa);

σ_3——侧向围压(kPa);

γ——上覆土层重度(kN/m³);

h_0——上覆土层厚度(m);

K_0——土的静止侧压力系数。

3 固结稳定后(土的静止侧压力系数 K_0 值应按本细则第 14.3 节的规定计算),控制主应力增量 $\Delta\sigma_1$ 与围压增量 $\Delta\sigma_3$ 比值 n 为某一固定数值,应分别按 $n=0$、0.1、0.2、0.3 等不同应力路径进行,剪切速率宜采用每分钟 0.003%~0.012%,剪切过程中应打开排水阀。

4 试验结束后关闭电动机,下降升降台,开排气孔,排去压力室内的水,拆除压力室罩,擦干试样周围的余水,脱去试样外的橡皮膜,描述试验后试样形状,称试样质量,测定试验后含水率。

16.4.3 计算、制图

1 试验结果的整理应按本细则第 13.5 节的规定进行。

2 以主应力增量为纵坐标,轴向应变为横坐标,绘制 $\Delta\sigma_1 \sim \varepsilon_1$ 关系曲线;以主应力增量为纵坐标,轴向变形量为横坐标,绘制不同应力比的 $\Delta\sigma_1 \sim \Delta h_i$ 关系曲线。

3 取 $\Delta\sigma_1 \sim \Delta h_i$ 关系曲线初始段切线模量或取对应应力段的割线模量为基床系数。

16.4.4 本试验的记录格式见附录 D 表 D-21。

17 砂的相对密度试验

17.1 一般规定

17.1.1 本试验方法适用于粒径不大于 5mm，其中粒径 2mm～5mm 的试样质量不大于试样总质量的 15％的能自由排水的砂砾土。

17.1.2 砂的相对密度试验是进行砂的最大干密度和最小干密度试验，砂的最小干密度试验宜采用漏斗法和量筒法，砂的最大干密度试验采用振动锤击法。

17.1.3 本试验必须进行两次平行测定，两次测定的密度差值不得大于 0.03g/cm³，取两次测值的平均值。

17.2 砂的最小干密度试验

17.2.1 本试验所用的主要仪器设备，应符合下列规定：

1 量筒：容积 500mL 和 1000mL，后者内径应大于 60mm。

2 长颈漏斗：颈管的内径为 1.2cm，颈口应磨平。

3 锥形塞：直径为 1.5cm 的圆锥体，焊接在铁杆上（图 17.2.1）。

4 砂面拂平器：十字形金属平面焊接在铜杆下端。

17.2.2 最小干密度试验，应按下列步骤进行：

1 将锥形塞杆自长颈漏斗下口穿入，并向上提起，使锥底堵住漏斗管口，一并放入 1000mL 的量筒内，使其下端与量筒底接触。

2 称取烘干的代表性试样 700g，均匀缓慢地倒入漏斗中，将漏斗和锥形塞杆同时提高，移动塞杆，使锥体略离开管口，管口应经常保持高出砂面 1cm～2cm，使试样缓慢且均匀分布地落入量筒中。

3 试样全部落入量筒后,取出漏斗和锥形塞,用砂面拂平器将砂面拂平,测记试样体积,估读至 5mL。

注:若试样中不含大于 2mm 的颗粒时,可取试样 400g 用 500mL 的量筒进行试验。

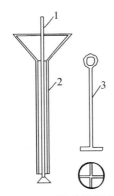

图 17. 2. 1　漏斗及拂平器
1—锥形塞;2—长颈漏斗;3—砂面拂平器

4　用手掌或橡皮板堵住量筒口,将量筒倒转并缓慢地转回到原来位置,重复数次,记下试样在量筒内所占体积的最大值,估读至 5mL。

5　取上述两种方法测得的较大体积值,计算最小干密度。

17. 2. 3　最小干密度应按下式计算:

$$\rho_{dmin} = \frac{m_d}{V_{max}} \qquad (17.2.3)$$

式中:ρ_{dmin}——试样的最小干密度(g/cm^3)。

17. 2. 4　最大孔隙比应按下式计算:

$$e_{max} = \frac{\rho_w \cdot G_s}{\rho_{dmin}} - 1 \qquad (17.2.4)$$

式中:e_{max}——试样的最大孔隙比。

17. 2. 5　砂的最小干密度试验记录格式见附录 D 表 D-22。

17.3 砂的最大干密度试验

17.3.1 本试验所用的主要仪器设备,应符合下列规定:

1 金属圆筒:容积 250mL,内径为 5cm;容积 1000mL,内径为 10cm,高度均为 12.7cm,附护筒。

2 振动叉(图 17.3.1-1)。

3 击锤:锤质量 1.25kg,落高 15cm,锤直径 5cm(图 17.3.1-2)。

4 台秤:称量 5kg,分度值 1g。

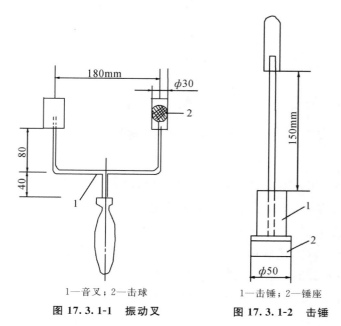

1—音叉;2—击球

图 17.3.1-1 振动叉

1—击锤;2—锤座

图 17.3.1-2 击锤

17.3.2 最大干密度试验,应按下列步骤进行:

1 取代表性试样 2000g,拌匀,分 3 次倒入金属圆筒进行振击,每层试样宜为圆筒容积的 1/3,试样倒入筒后用振动叉以每分钟往返 150 次～200 次的速度敲打圆筒两侧,并在同一时间内用击锤锤击试样表面,每分种 30 次～60 次,直至试样体积不变为止。如此重复第二层和第三层,第三层装样时应先在容器口上安装护筒。

2 取下护筒,刮平试样,称圆筒和试样的总质量,准确至1g,并记录试样体积,计算出试样质量。

17.3.3 最大干密度应按下式计算:

$$\rho_{dmax} = \frac{m_d}{V_{min}}$$ (17.3.3)

式中:ρ_{dmax}——最大干密度(g/cm^3)。

17.3.4 最小孔隙比应按下式计算:

$$e_{min} = \frac{\rho_w \cdot G_s}{\rho_{dmax}} - 1$$ (17.3.4)

式中:e_{min}——最小孔隙比。

17.3.5 砂的相对密度应按下式计算:

$$D_r = \frac{e_{max} - e_0}{e_{max} - e_{min}}$$ (17.3.5-1)

$$或\ D_r = \frac{(\rho_d - \rho_{dmin})\rho_{dmax}}{(\rho_{dmax} - \rho_{dmin})\rho_d}$$ (17.3.5-2)

式中:e_0——砂的天然孔隙比或填土的相应孔隙比;

D_r——砂的相对密度;

ρ_d——要求的干密度(或天然干密度)(g/cm^3)。

17.3.6 砂的最大干密度试验记录格式见附录 D 表 D-22。

18   击实试验

18.1   一般规定

18.1.1   本试验分轻型击实和重型击实试验。轻型击实试验适用于粒径小于 5mm 的黏性土,重型击实试验适用于粒径不大于 20mm 的土,采用三层击实时,最大粒径不大于 40mm。

18.1.2   轻型击实试验的单位体积击实功约 592.2kJ/m³,重型击实试验的单位体积击实功约 2684.9kJ/m³。

18.2   仪器设备

18.2.1   本试验所用的主要仪器设备(如图 18.2.1-1、18.2.1-2)应符合下列规定:

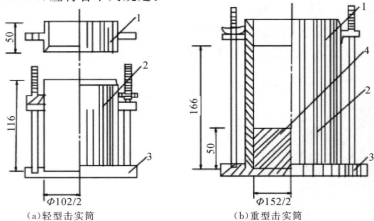

（a）轻型击实筒   （b）重型击实筒

图 18.2.1-1   击实筒(mm)

1—套筒;2—击实筒;3—底板;4—垫块

1 击实仪的击实筒和击锤尺寸应符合表 18.2.1 规定。

2 击实仪的击锤应配导筒,击锤与导筒间应有足够的间隙使锤能自由下落;电动操作的击锤必须有控制落距的跟踪装置和锤击点按一定角度(轻型 53.5°,重型 45°)均匀分布的装置(重型击实仪中心点每圈要加一击)。

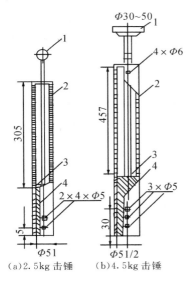

图 18.2.1-2 击锤与导筒(mm)

1—提手;2—导筒;3—硬橡皮垫;4—击锤

表 18.2.1 击实仪主要部件规格表

试验方法	锤底直径(mm)	锤质量(kg)	落高(mm)	击实筒			护筒高度(mm)
				内径(mm)	筒高(mm)	容积(cm³)	
轻型	51	2.5	305	102	116	947.4	50
重型	51	4.5	457	152	116	2103.9	50

3 天平:称量 200g,最小分度值 0.01g。

4 台秤:称量 10kg,最小分度值 5g。

5 标准筛：孔径为 20mm、40mm 和 5mm。

6 试样推出器：宜用螺旋式千斤顶或液压式千斤顶，如无此类装置，亦可用刮刀和修土刀从击实筒中取出试样。

18.3 操作步骤

18.3.1 试样制备分为干法和湿法两种。

1 干法制备试样应按下列步骤进行：用四分法取代表性土样 20kg（重型为 50kg），风干碾碎，过 5mm（重型过 20mm 或 40mm）筛，将筛下土样拌匀，并测定土样的风干含水率。根据土的塑限预估最优含水率，并按本细则第 3.1.6 条 4、5 款的步骤制备 5 个不同含水率的一组试样，相邻 2 个含水率的差值宜为 2%。

注：轻型击实中 5 个含水率中应有 2 个大于塑限，2 个小于塑限，1 个接近塑限。

2 湿法制备试样应按下列步骤进行：取天然含水率的代表性土样 20kg（重型为 50kg），碾碎，过 5mm 筛（重型过 20mm 或 40mm），将筛下土样拌匀，并测定土样的天然含水率。根据土样的塑限预估最优含水率，按本条 1 款注的原则选择至少 5 个含水率的土样，分别将天然含水率的土样风干或加水进行制备，应使制备好的土样水分均匀分布。

18.3.2 击实试验应按下列步骤进行：

1 将击实仪平稳置于刚性基础上，击实筒与底座连接好，安装好护筒，在击实筒内壁均匀涂一薄层润滑油。称取一定量试样，倒入击实筒内，分层击实，轻型击实试样为 2kg～5kg，分 3 层，每层 25 击，重型击实试样为 4kg～10kg，分 5 层，每层 56 击，若分 3 层，每层 94 击。每层试样高度宜相等，两层交界处的土面应刨毛。击实完成时，超出击实筒顶的试样高度应小于 6mm。

2 卸下护筒，用直刮刀修平击实筒顶部的试样，拆除底板，试样底部若超出筒外，也应修平，擦净筒外壁，称筒与试样的总质量,准确至 1g,并计算试样的湿密度。

3 用推土器将试样从击实筒中推出,取 2 个代表性试样测定含水率,2 个含水率的差值应不大于 1%。

4 对不同含水率的试样依次击实。

18.4 计算、制图和记录

18.4.1 试样的干密度应按下式计算,计算至 0.01g/cm³。

$$\rho_d = \frac{\rho_0}{1 + 0.01 w_i} \qquad (18.4.1)$$

式中:w_i——某点试样的含水率。

18.4.2 干密度和含水率的关系曲线,应在直角坐标纸上绘制(如图 18.4.2)。并应取曲线峰值点相应的纵坐标为击实试样的最大干密度,相应的横坐标为击实试样的最优含水率。当关系曲线不能绘出峰值点时,应进行补点,土样不宜重复使用。

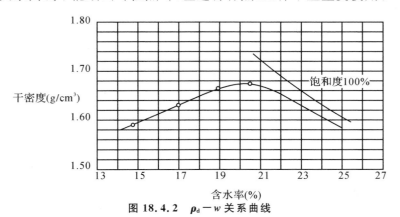

图 18.4.2 $\rho_d - w$ 关系曲线

18.4.3 气体体积等于零(即饱和度 100%)的等值线应按下式计算,并应将计算值绘于本细则图 18.4.2 的关系曲线上。

$$w_{sat} = \left(\frac{\rho_w}{\rho_d} - \frac{1}{G_s} \right) \times 100 \qquad (18.4.3)$$

式中:w_{sat}——试样的饱和含水率(%);

ρ_w——温度 4℃ 时水的密度（g/cm³）；

ρ_d——试样的干密度（g/cm³）；

G_s——土颗粒比重。

18.4.4 轻型击实试验中，当试样中粒径大于 5mm 的土质量小于或等于试样总质量的 30% 时，应对最大干密度和最优含水率进行校正。

1 最大干密度应按下式校正：

$$\rho'_{dmax} = \cfrac{1}{\cfrac{1-P_5}{\rho_{dmax}} + \cfrac{P_5}{\rho_w \cdot G_{s2}}} \qquad (18.4.4\text{-}1)$$

式中：ρ'_{dmax}——校正后试样的最大干密度（g/cm³）；

P_5——粒径大于 5mm 土的质量百分数（%）；

G_{s2}——粒径大于 5mm 土粒的饱和面干比重。

注：饱和面干比重指当土粒呈饱和面干状态时的土粒总质量与相当于土粒总体积的纯水 4℃ 时质量的比值。

2 最优含水率应按下式进行校正，计算至 0.1%。

$$w'_{opt} = w_{opt}(1-P_5) + P_5 \cdot w_{ab} \qquad (18.4.4\text{-}2)$$

式中：w'_{opt}——校正后试样的最优含水率（%）；

w_{opt}——击实试样的最优含水率（%）；

w_{ab}——粒径大于 5mm 土粒的吸着含水率（%）。

18.4.5 本试验的记录格式见附录 D 表 D-23。

19 土的承载比(CBR)试验

19.1 一般规定

19.1.1 本试验方法应采用重型击实法将扰动土在规定试样筒内制样后进行试验。

19.1.2 试样的最大粒径宜控制在 20mm 以内,最大不得超过 40mm 且含量不超过 5%。

19.2 仪器设备

19.2.1 本试验所用的主要仪器设备,应符合以下规定:

1 击实仪主要部件的尺寸应符合下列规定:

1)试样筒:内径 152mm,高 166mm 的金属圆筒;试样筒内底板上放置垫块,垫块直径为 151mm,高 50mm;护筒高度 50mm。

2)击锤和导筒:锤底直径 51mm,锤质量 4.5kg,落距 457mm;击锤与导筒之间的空隙应符合《土工试验仪器击实仪》(GB/T 22541)的规定。

2 贯入仪(图 19.2.1-1)应符合下列规定:

1)加荷和测力设备:测力计量程应不低于 50kN,最小贯入速度应能调节至 1mm/min。

2)贯入杆:杆的端面直径 50mm,杆长 100mm,杆上应配有安装位移计的夹孔。

3)位移计 2 只,最小分度值为 0.01mm 的百分表或准确度为全量程 0.2%的位移传感器。

4)秒表:分度值 0.1s。

3 标准筛:孔径为 40mm、20mm、5mm。

4 台秤:称量 20kg,分度值 1g。

5 天平:称量 200g,分度值 0.01g。

6 本试验所用的其他仪器设备应符合下列规定:

1)膨胀量测定装置(图 19.2.1-2):由百分表和三脚架组成。

2)有孔底板:孔径宜小于 2mm,底板上应配有可紧密连接试样筒的装置;带调节杆的多孔顶板(图 19.2.1-3)。

3)荷载块(图 19.2.1-4):直径 150mm,中心孔直径 52mm;每块质量 1.25kg,共 4 块,并沿直径分为两个半圆块。

4)水槽:槽内水面应高出试件顶面 25mm。

5)其他:刮刀,修土刀,直尺,量筒,土样推出器,烘箱,盛土盘。

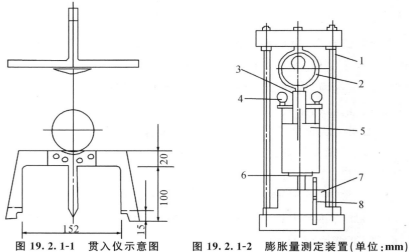

图 **19.2.1-1** 贯入仪示意图   图 **19.2.1-2** 膨胀量测定装置(单位:mm)

1—框架;2—测力计;3—贯入杆;4—位移计;5—试样;6—升降台;7—蜗轮蜗杆箱;8—摇把

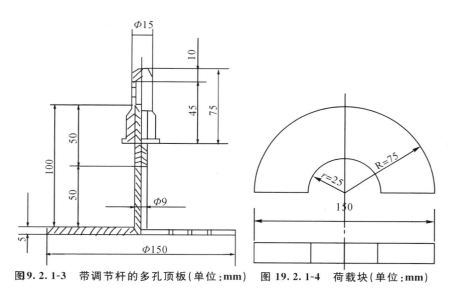

图9.2.1-3 带调节杆的多孔顶板(单位:mm)　图 19.2.1-4　荷载块(单位:mm)

19.3　操作步骤

19.3.1　试样制备应按下列步骤进行:

1　取代表性试样测定风干含水率,试样制备应按本细则第18.3.1条执行。土样需过 20mm 筛,以筛除大于 20mm 的颗粒,并记录超径颗粒的百分数;按需要制备数份试样,每份试样质量约为 6.0kg。

2　应按本细则第18.3.2条的规定进行重型击实试验,求取最大干密度和最优含水率。

3　应按最优含水率备料,进行重型击实试验制备 3 个试样。击实完成后试样超高应小于 6mm。

4　卸下护筒,沿试样筒顶修平试样,表面不平整处宜细心用细料修补,取出垫块,称试样筒和试样的总质量。

19.3.2　浸水膨胀应按下列步骤进行:

1　将一层滤纸铺于试样表面,放上多孔底板,并用拉杆将试样筒与多孔底板固定好。

2 倒转试样筒,取一层滤纸铺于试样的另一表面,并在该面上放置带有调节杆的多孔顶板,再放上 8 块荷载块。

3 将整个装置放入水槽,先不放水,安装好膨胀量测定装置,并读取初读数。

4 向水槽内缓缓注水,使水自由进入试样的顶部和底部,注水后水槽内水面应保持在荷载块顶面以上大约 25mm 左右(图 19.3.2);通常试样要浸水 4d。

5 根据需要以一定时间间隔读取百分表的读数。浸水终了时,读取终读数。膨胀率应按下式计算:

$$\delta_w = \frac{\Delta h_w}{h_0} \times 100 \qquad (19.3.2\text{-}1)$$

式中:δ_w——浸水后试样的膨胀率(%);

Δh_w——浸水后试样的高度变化(mm);

h_0——试样的初始高度(mm)。

6 卸下膨胀量测定装置,从水槽中取出试样筒,吸去试样顶面的水,静置 15min 让其排水,卸去荷载块、多孔顶板和有孔底

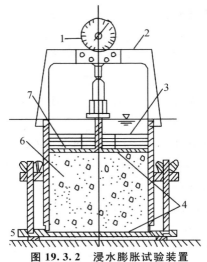

图 19.3.2　浸水膨胀试验装置

1—百分表;2—三角架;3—荷载板;4—滤纸;5—多孔底板;6—试样;7—多孔顶板

114

板,取下滤纸,并称试样筒和试样总质量,计算试样的含水率与密度的变化。

19.3.3 贯入试验应按下列步骤进行:

1 将浸水终了的试样放到贯入仪的升降台上,调整升降台的高度,使贯入杆与试样顶面刚好接触,并在试样顶面放上 8 块荷载块。

2 在贯入杆上施加 45N 荷载,将测力计量表和变形量测设备的量表读数调整至零点。

3 加荷使贯入杆以 1mm/min~1.25mm/min 的速度压入试样,按测力计内量表的某些整读数(如 20、40、60)记录相应的贯入量,并使贯入量达 2.5mm 时的读数不得少于 5 个,当贯入量读数为 10mm~12.5mm 时可终止试验。

4 应进行 3 个试样的平行试验,每个试样间的干密度最大允许差值应为 ±0.03g/cm³。当 3 个试样试验结果所得承载比的变异系数大于 12% 时,去掉一个偏离大的值,试验结果取其余 2 个结果的平均值;当变异系数小于 12% 时,试验结果取 3 个结果的平均值。

19.4 计算、制图和记录

19.4.1 计算:

由 $p \sim l$ 曲线上获取贯入量为 2.5mm 和 5.0mm 时的单位压力值,各自的承载比应按下列公式计算。承载比一般是指贯入量为 2.5mm 时的承载比,当贯入量为 5.0mm 时的承载比大于 2.5mm 时,试验应重新进行。当试验结果仍然相同时,应采用贯入量为 5.0mm 时的承载比。

1 贯入量为 2.5mm 时的承载比应按下式计算:

$$CBR_{2.5} = \frac{p}{7000} \times 100 \qquad (19.4.1-1)$$

式中:$CBR_{2.5}$ ——贯入量为 2.5mm 时的承载比(%);

p——单位压力(kPa);

7000——贯入量为 2.5mm 时的标准压力(kPa)。

2 贯入量为 5.0mm 时的承载比应按下式计算:

$$CBR_{5.0} = \frac{p}{10500} \times 100 \qquad (19.4.1\text{-}2)$$

式中:$CBR_{5.0}$——贯入量为 5.0mm 时的承载比(%);

10500——贯入量为 5.0mm 时的标准压力(kPa)。

19.4.2 制图:

以单位压力(p)为横坐标,贯入量(l)为纵坐标,绘制 $p \sim l$ 曲线(图 19.4.2)。图上曲线 1 是合适的,曲线 2 的开始段是凹曲线,应进行修正。修正的方法为:在变曲率点引一切线,与纵坐标交于 O' 点,这 O' 点即为修正后的原点。

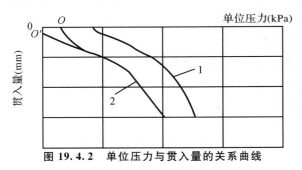

图 19.4.2 单位压力与贯入量的关系曲线

19.4.3 承载比试验的记录格式见附录 D 表 D-24 的规定。

20　振动三轴试验

20.1　一般规定

20.1.1　本试验方法适用于饱和砂土和细粒土,粗粒土也可参照执行。

20.1.2　动强度(或抗液化强度)特性试验,宜采用固结不排水振动试验条件。动力变形特性试验,宜采用固结不排水振动试验条件。动残余变形特性试验,宜采用固结排水振动试验条件。

20.2　仪器设备

20.2.1　本试验所用的主要仪器设备应符合下列规定:

1　振动三轴仪:按激振方式可分为惯性力式、电磁式、电液伺服式及气动式等。其组成包括主机、静力控制系统、动力控制系统、量测系统、数据采集和处理系统。

1)主机(图20.2.1):包括压力室和激振器等。

2)静力控制系统:用于施加周围压力、轴向压力、反压力,包括储气罐、调压阀、放气阀、压力表和管路等。

3)动力控制系统:用于轴向激振,施加轴向动应力,包括液压油源、伺服控制器、伺服阀、轴向作动器等。要求激振波形良好,拉压两半周幅值和持时基本相等,相差应小于10%。

4)量测系统:用于量测轴向载荷、轴向位移及孔隙水压力的传感器等组成。

5)计算机控制、数据采集和处理系统:包括计算机、绘图和打印设备、计算机控制、数据采集和处理程序等。

6)整个设备系统各部分均应有良好的频率响应,性能稳定,误差不应超过允许范围。

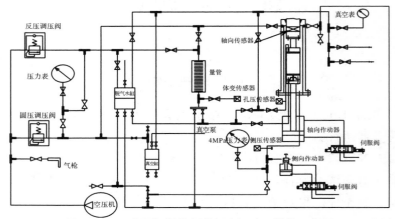

图 20.2.1　液压伺服单向激振式振动三轴仪示意图

2　附属设备应符合本细则第 13.2.1 条 2 款的规定。

3　天平:称量 200g,分度值 0.01g;称量 1000g,分度值 0.1g。

20.2.2　压力室、静力控制系统、孔隙水压力量测系统的检查应符合本细则第 13.2.2 条 1 款~3 款的规定。

20.3　操作步骤

20.3.1　试样制备应符合下列规定:

1　本试验采用的试样最小直径为 39.1mm,最大直径为 101mm,高度以试样直径的 2 倍~2.5 倍为宜。

2　原状土样的试样制备应按本细则第 3.0.5 条的规定进行。

3　扰动土样的试样制备应按本细则第 3.0.6 条的规定进行。

4　砂土试样制备应按本细则第 3.0.8 条的规定进行。

5　对填土宜模拟现场状态用密度控制。对天然地基宜用

118

原状试样。

20.3.2 试样饱和应符合下列规定：

1 抽气饱和应按本细则第3.0.9条2款的规定进行。

2 水头饱和应按本细则第3.0.9条4款的规定进行。

3 反压力饱和应按第3.0.9条4款的规定进行。

20.3.3 试样安装应符合下列规定：

1 打开供水阀，使试样底座充水排气，当溢出的水不含气泡时，应按本细则第13.3.1条1款～2款的规定安装试样。

2 砂样安装在试样制备过程中完成。

20.3.4 试样固结应符合下列规定：

1 等向固结。先对试样施加20kPa的侧压力，然后逐级施加均等的周围压力和轴向压力，直到周围压力和轴向压力相等并达到预定压力。

2 不等向固结。应在等向固结变形稳定后，逐级增加轴向压力，直到预定的轴向压力，加压时勿使试样产生过大的变形。

3 对施加反压力的试样应按本细则第3.0.9条4款的规定施加反压力。

4 施加压力后打开排水阀或体变管阀和反压力阀，使试样排水固结。固结稳定标准，对黏土和粉土试样，1h内固结排水量变化不大于0.1cm³，砂土试样等向固结时，关闭排水阀后5min内孔隙压力不上升；不等向固结时，5min内轴向变形不大于0.005mm。

5 固结完成后关排水阀，并计算振前干密度。

20.3.5 动强度（抗液化强度）试验应按下列步骤进行：

1 动强度（包括抗液化强度）特性试验为固结不排水振动三轴试验，试验中测定应力、应变和孔隙水压力的变化过程，根据一定的试样破坏标准，确定动强度（或抗液化强度）。对于等压固结实验，可取双幅弹性应变等于5%；对于偏压固结实验，可取试样的弹性应变与塑性应变之和等于5%。对于可液化土的抗液化强度试验，也可采用初始液化作为破坏标准。也可根据具体工程情况选取。

2 试样固结好后，在计算机控制界面中设定试验方案，包括动荷载大小、振动频率、振动波形、振动次数等。动强度试验宜采用正弦波激振，振动频率宜根据实际工程动荷载条件确定，也可采用 1.0Hz。

3 在计算机控制界面中新建试验数据存储的文件。

4 关闭排水阀，并检查管路各个开关的状态，确认活塞轴上、下锁定处于解除状态。

5 当所有工作检查完毕，并确定无误后，点击计算机控制界面的开始按钮，试验开始。

6 当试样达到破坏标准后，再振 5 周～10 周停止振动。

7 试验结束后卸掉压力，关闭压力源。

8 描述试样破坏形状，必要时测定试样振后干密度，拆除试样。

9 对同一密度的试样，可选择 1 个～3 个固结比。在同一固结比下，可选择 1 个～3 个不同的周围压力。每一周围压力下用 4 至 6 个试样。可分别选择 10 周、20 周～30 周和 100 周等不同的振动破坏周次，应按本细则上述的规定进行试验。

10 整个试验过程中的动荷载、动变形、动孔隙水压力及侧压力由计算机自动采集和处理。

20.3.6 动力变形特性试验应按下列步骤进行：

1 在动力变形特性试验中，根据振动试验过程中的轴向应力和轴向动应变的变化过程和应力应变滞回圈，计算动弹性模量和阻尼比。动力变形特性试验一般采用正弦波激振，振动频率可根据工程需要选择确定。

2 试样固结好后，在计算机控制界面中设定试验方案，包括振动次数、振动的动荷载大小、振动频率和振动波形等。

3 在计算机控制界面中新建试验数据存储的文件。

4 关闭排水阀,检查管路各个开关的状态,确认活塞轴上、下锁定处于解除状态。

5 当所有工作检查完毕,并确定无误后,点击计算机控制界面的开始按钮,分级进行试验。试验过程中由计算机自动采集轴向动应力、轴向变形及试样孔隙水压力等的变化过程。

6 试验结束后卸掉压力,关闭压力源;

7 在需要时测定试样振后干密度,拆除试样。

8 在进行动弹性模量和阻尼比随应变幅的变化的试验时,一般每个试样只能进行一个动应力试验。当采用多级加荷试验时,同一干密度的试样,在同一固结应力比下,可选 1 个~5 个不同的侧压力试验,每一侧压力用 3 个~5 个试样,每个试样采用 4 级~5 级动应力,宜采用逐级施加动应力幅的方法,后一级的动应力幅值可控制为前一级的 2 倍左右,每级的振动次数不宜大于 10 次。按本细则上述的规定进行试验。

9 试验过程的数据由计算机自动采集、处理,并根据所采集的应力应变关系,画出应力应变滞回圈,整理出动弹性模量和阻尼比随应变幅的关系曲线。

20.3.7 动力残余变形特性试验应按下列步骤进行:

1 动力残余变形特性试验为饱和固结排水振动试验。根据振动试验过程中的排水量计算其残余体积应变的变化过程,根据振动试验过程中的轴向变形量计算其残余轴应变及残余剪应变的变化过程。

2 动力残余变形特性试验一般采用正弦波激振,振动频率可根据工程需要选择确定。

3 试样固结好后,在计算机控制界面中设定试验方案,包括动荷载、振动频率、振动次数、振动波形等。

4 在计算机控制界面中新建试验数据存储的文件。

5 保持排水阀开启,并检查管路各个开关的状态,确认活塞轴上、下锁定处于解除状态。

6 当所有工作检查完毕,并确定无误后,点击计算机控制界面的开始按钮,试验开始。

7 试验结束后卸掉压力,关闭压力源。

8 在需要时测定试样振后干密度,拆除试样。

9 对同一密度的试样,可选择 1 个～3 个固结比。在同一固结比下,可选择 1 个～3 个不同的周围压力。每一周围压力下用 3 个～5 个试样,按本细则上述的规定进行试验。

10 整个试验过程中的动荷载、侧压力、残余体积和残余轴向变形由计算机自动采集和处理。根据所采集的应力应变(包括体应变)时程记录,整理需要的残余剪应变和残余体应变模型参数。

20.4 计算、制图和记录

20.4.1 试样的静、动应力指标应按下列规定计算:

1 固结应力比:

$$K_c = \frac{\sigma'_{1c}}{\sigma'_{3c}} = \frac{\sigma_{1c} - u_0}{\sigma_{3c} - u_0} \quad (20.4.1\text{-}1)$$

式中:K_c——固结应力比;

σ'_{1c}——有效轴向固结应力(kPa);

σ'_{3c}——有效侧向固结应力(kPa);

σ_{1c}——轴向固结应力(kPa);

σ_{3c}——侧向固结应力(kPa);

u_0——初始孔隙水压力(kPa)。

2 轴向动应力:

$$\sigma_d = \frac{W_d}{A_c} \quad (20.4.1\text{-}2)$$

式中:σ_d——轴向动应力(kPa);

W_d——轴向动荷载(kN);

A_c——试样固结后截面积(m^2)。

3 轴向动应变：

$$\varepsilon_\mathrm{d} = \frac{\Delta h_\mathrm{d}}{h_\mathrm{c}} \times 100 \qquad (20.4.1\text{-}3)$$

式中：ε_d——轴向动应变（％）；

Δh_d——轴向动变形（mm）；

h_c——固结后试样高度（mm）。

4 体积应变：

$$\varepsilon_\mathrm{V} = \frac{\Delta V}{V_\mathrm{c}} \times 100 \qquad (20.4.1\text{-}4)$$

式中：ε_V——体积应变（％）；

ΔV——试样体积变化，即固结排水量（cm³）；

V_c——试样固结后体积（cm³）。

20.4.2 动强度（抗液化强度）计算在试验记录的动应力、动变形和动孔隙水压力的时程曲线上，应根据本细则第 20.3.5 条 1 款规定的破坏标准，确定达到该标准的破坏振次。相应于该破坏振次试样 45°面上的破坏动剪应力比 $\tau_\mathrm{d}/\sigma'_0$ 应按下式计算：

$$\frac{\tau_\mathrm{d}}{\sigma'_0} = \frac{\sigma_\mathrm{d}}{2\sigma'_0} \qquad (20.4.2\text{-}1)$$

$$\tau_\mathrm{d} = \frac{\sigma_\mathrm{d}}{2} \qquad (20.4.2\text{-}2)$$

$$\sigma'_0 = \frac{\sigma'_{1\mathrm{c}} + \sigma'_{3\mathrm{c}}}{2} \qquad (20.4.2\text{-}3)$$

式中：$\dfrac{\tau_\mathrm{d}}{\sigma'_0}$——试样 45°面上的破坏动剪应力比；

σ_d——试样轴向动应力（kPa）；

τ_d——试样 45°面上的动剪应力（kPa）；

σ'_0——试样 45°面上的有效法向固结应力（kPa）；

$\sigma'_{1\mathrm{c}}$——有效轴向固结应力（kPa）；

$\sigma'_{3\mathrm{c}}$——有效侧向固结应力（kPa）。

20.4.3 动强度试验的曲线可按下列规定进行绘图：

1 对同一固结应力条件进行多个试样的测试，以破坏动剪应力比 R_f 为纵坐标，破坏振次 N_f 为横坐标，在单对数坐标上绘制破坏动剪应力比 τ_d/σ'_0 与破坏振次 N_f 的关系曲线。

2 对于工程要求的等效破坏振次 N，可根据破坏动剪应力比 τ_d/σ'_0 与破坏振次 N_f 的曲线确定相应的破坏动剪应力比 $(\tau_d/\sigma'_0)_N$。并可根据工程需要，按不同表示方法，整理出动强度（抗液化强度）特性指标。

3 在对动孔隙水压力数据进行整理时，可取动孔隙水压力的峰值；也可根据工程需要，取残余动孔隙水压力值。

4 当由于土的性能影响或仪器性能影响导致测试记录的孔隙水压力有滞后现象时，可对记录值进行修正后再作处理。

5 以动孔隙水压力为纵坐标，振次为横坐标，根据试验结果在单对数坐标上动孔隙水压力比与振次的关系曲线。

6 以动孔压比为纵坐标，以破坏振次 N_f 为横坐标，绘制振次比与动孔压比的关系曲线。

7 对于初始剪应力比相同的各个试验，可以动孔压比为纵坐标，动剪应力比为横坐标，绘制在固定振次作用下的动孔压比与动剪应力比的关系曲线；也可根据工程需要，绘制不同初始剪应力比与不同振次作用下的同类关系曲线。

20.4.4 动弹性模量和阻尼比应按下列公式计算：

1 动弹性模量：

$$E_d = \frac{\sigma_d}{\varepsilon_d} \times 100 \qquad (20.4.4\text{-}1)$$

式中：E_d——动弹性模量（kPa）；

σ_d——轴向动应力（kPa）；

ε_d——轴向动应变（%）。

2 阻尼比：

$$\lambda = \frac{1}{4\pi}\frac{A_z}{A_s} \qquad (20.4.4\text{-}2)$$

式中:λ——阻尼比;

　　A_z——滞回圈 ABCDA 的面积(cm²),见图 20.4.4-1;

　　A_s——三角形 OAB 的面积(cm²)。

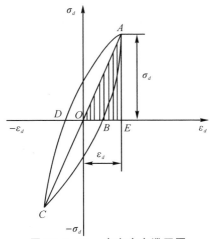

图 20.4.4-1　应力应变滞回圈

3　动弹性模量和动剪切模量及动轴向应变幅和动剪应变幅之间,可按下列公式进行换算:

$$G_d = \frac{E_d}{2(1+\mu)} \qquad (20.4.4-3)$$

$$\gamma_d = \varepsilon_d (1+\mu) \qquad (20.4.4-4)$$

式中:G_d——动剪切模量(kPa);

　　μ——泊松比;

　　γ_d——动剪应变(%)。

4　最大动弹性模量按下列规定求得:绘制 ε_d/σ_d(即 $1/E_d$)与动应变 ε_d 的关系曲线(图 20.4.4-2),将曲线切线在纵轴上的截距作为最大动弹性模量。有条件时,可将在微小应变($\varepsilon_d \leqslant 10^{-5}$)测得的动弹性模量作为最大动弹性模量。

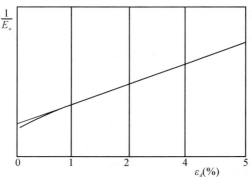

图 20.4.4-2　最大动弹性模量的确定示意图

20.4.5　残余变形计算应根据所采用计算模型和计算方法要求,对每个试样试验可分别整理残余体积应变、残余轴应变与振次关系曲线。

20.4.6　动强度(抗液化强度)试验记录和计算格式见附录 D 表 D-25-1 的规定。动弹性模量和阻尼比试验记录和计算格式见附录 D 表 D-25-2 的规定。动残余变形特性试验记录和计算格式见附录 D 表 D-25-3 的规定。

21 热物理试验

21.1 一般规定

21.1.1 导热系数试验采用面热源法（瞬态法）、平板热流计法（稳态法）。比热容试验采用热平衡法。

21.1.2 本试验方法适用于各类土。

21.2 面热源法导热系数试验

21.2.1 仪器设备

1 导热系数测试仪：

1）导热系数测定范围：0.01～100W/m·K。

2）测量时间：1s～600s。

3）准确度：≤5％。

4）温度范围：室温。

2 探头（传感器）：准确度0.1℃。

21.2.2 操作步骤

1 仪器测试前，应平稳放置，开机预热不小于30min；仪器附近应无大的电流干扰。

2 从试样中，切取一定规格（如高不小于15mm，直径不小于45mm）的代表性试样。

3 将探头置于试样中后，试验与探头的接触平面宜光滑平整，必要时可涂抹硅胶。约20min温度稳定后（10分钟内温度变化不超过0.05℃），才能进行测定。同一试样重复测试，需间隔30min以上。试样应在环境温度相对稳定且无风条件下进行。

21.2.3 测定结果处理

本试验宜进行两次平行测定,测定的差值不宜大于 0.1W/m·K,取两个值的平均值作为试验结果。

21.2.4 本试验的记录格式见附录 D 表 D-26。

21.3 平板热流计法导热系数试验

21.3.1 仪器设备

1 导热系数测试仪(含热流计)。

2 防风罩。

3 土样制备工具。

21.3.2 操作步骤

1 用规格为直径 61.8mm,高度 20mm 的不锈钢环刀制备原状土试样,称试样质量,测定土样天然密度,同时测定土样天然含水率。

2 打开仪器电源开关,使仪器不加热通电 2 小时。

3 取下防风罩,将试样推入同样规格的环形试样筒中,在试样冷热面上涂上少量导热硅脂,将试样放在冷热面正中间,压紧试样。

4 对热面进行加热,热面进入升温状态,再对冷面进行强制控制。

5 对冷面、热面温度进行监控直至稳定(5 分钟内冷面、热面温度变化不超过 0.1℃),采集测试数据。

21.3.3 计算

$$\lambda = \frac{Q \cdot L}{A \cdot (TA - TB)} \qquad (21.3.3)$$

式中:λ —— 导热系数(W/m·K);

$\quad Q$ —— 热流(W);

$\quad L$ —— 试样长度(m);

$\quad A$ —— 试样面积(m²);

$\quad TA$ —— 试样热面温度(K);

TB——试样冷面温度（K）。

21.3.4 本试验的记录格式见附录 D 表 D-27。

21.4　比热容试验

21.4.1　仪器设备

1　比热容测试仪。

2　电子天平：称量 2000g，分度值 0.01g。

3　保温桶（桶盖上带有预留小圆孔，插电热偶用）。

4　紫铜试样筒（筒盖上带有预留小圆孔，插电热偶用）。

5　高精度恒温箱。

6　插入式测温热电偶。

21.4.2　操作步骤

1　首先测试仪要开机预热半小时以上，消除仪器本身误差。

2　准备一只保温桶，盛装一定量的冰水混合物，将仪器的一只热电偶插入保温桶（另一只热电偶测试样品用），此温度作为试验的基准温度。

3　将有代表性的天然岩（土）试样进行击碎处理，岩样可击碎为粒径小于 10mm 的较均匀的颗粒，土样可切成 5mm～10mm 的细粒。

4　取 50g 岩（土）试样，装入试样筒中，盖好盖后，将热电偶的一端插入试样筒盖的预留孔中，并深入试样深度的中部。

5　将装好样的试样筒放入恒温箱（或恒温水槽）中加温至 60℃～70℃保持稳定（保证试样初温与水的初温有足够的温差，温差一般在 40℃～50℃），当试样中心温度与恒温箱温度相等时，认为试样温度均匀，此时的温度为试样温度 T_1（岩土下落时的初温，精确到 0.01℃）。

6　保温桶中装入 250g 水（实验时水土比为 5：1），插入测温热电偶，温度恒定后，读出水的初温 T_2（保温桶水的初温，一般保持水温在 20℃左右，精确到 0.01℃）。

7　快速从恒温箱中把试样倒入保温桶的水中（切忌有水溅出）。摇动保温桶，记录水和岩土混合物温度，当隔 30 秒记录混合物的温度，直到混合物温度自然下降为止，取最高值作为混合物的稳定温度 T_3。

21.4.3　计算

依据热量守衡法则，用下式计算所测试样的比热容：

$$C = 4.2 \times \frac{G_1 \times (T_3 - T_2)}{G_2 \times (T_1 - T_3)} \qquad (21.4.3)$$

式中：C——比热容（J/kg・K）；

4.2——纯水在 $T3$ 到 $T2$ 温度范围内的平均比热容（J/kg・K）；

T_1——土样下落时的初温（℃）；

T_2——保温桶中纯水的初温（℃）；

T_3——保温桶中纯水的计算终温（℃）；

G_1——纯水质量（g）；

G_2——土样质量（g）。

21.4.4　本试验的记录格式见附录 D 表 D-28。

22 人工冻土试验

22.1 一般规定

22.1.1 本试验适用于黏性土、粉土、砂土等重塑和原状人工冻土的试验。

22.1.2 人工冻土试样最小尺寸大于土样中最大颗粒粒径的 10 倍,试样外形尺寸误差小于 1.0%,试样两端面平行度不得大于 0.5mm。

22.1.3 试样制备的主要仪器除第 3 章中的设备外,还应包括低于 -30℃ 的负温冷库或冰箱、量筒、直角尺等。

22.1.4 负温原状土的试样制备应在负温试验室内,其制备过程可按本细则第 3 章节的相关要求执行。

22.1.5 重塑土试样制备完成后,应连同模具密封并在低于 -30℃ 温度下速冻 4h～6h,将试样在所需试验温度下脱模、修整、恒温存放,在 24h～48h 内用于试验。

22.2 冻结温度试验

22.2.1 本试验方法采用无外加载荷法,适用于原状和扰动的黏性土和砂性土。

22.2.2 仪器设备包括零温瓶、低温瓶、测温设备和试样杯(如图 22.2.2),应符合下列规定:

1 零温瓶容积为 3.57L,内盛冰水混合物(其温度应为 0±0.1℃)。

2 低温瓶容积为 3.57L,内盛低熔冰晶混合物,其温度宜为 -7.6℃。

3 数字电压表量程可取 2mV,分度值应为 1μV。

4 铜和康铜热电偶线直径宜为 0.2mm。

5 塑料管可用内径 5cm、壁厚 5mm、长 25cm 的硬质聚氯乙烯管。管底应密封,管内装 5cm 高干砂。

6 黄铜试样杯直径 3.5cm、高 5cm,带有杯盖。

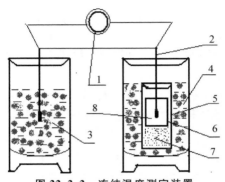

图 22.2.2 冻结温度测定装置

1—数字电压表;2—热电偶;3—零温瓶;4—低温瓶;

5—塑料管;6—试样杯;7—干砂;8—试样

22.2.3 原状土冻结温度试验应按下列步骤进行:

1 试样杯内壁涂一薄层凡士林,杯口向下放在土样上,将试样杯垂直下压,并用切土刀沿杯外壁切削土样,边压边削至土样高出试样杯,用钢丝锯整平杯口,擦净外壁,盖上杯盖,并取余土测定含水率。

2 将热电偶测温端插入试样中心,杯盖周侧用硝基漆密封。

3 零温瓶内装入用纯水制成的冰块,冰块直径应小于 2cm,再倒入纯水,使水面与冰块面相平,然后插入热电偶零温端。

4 低温瓶内装入用 2mol/L 氯化钠溶液制成的盐冰块,其直径应小于 2cm,再倒入相同浓度的氯化钠溶液制成的盐冰块,使之与冰块面相平。

5 将封好底且内装 5cm 高干砂的塑料管插入低温瓶内,再把试样杯放入塑料管内，塑料管口和低温瓶口分别用橡皮塞和瓶盖密封。

6 将热电偶测温端与数字电压表相连，每分钟测量一次热电势，当势值突然减小并 3 次测值稳定时，试验结束。

22.2.4 扰动冻土冻结温度试验应按下列步骤进行：

1 称取风干碾碎土样 200g，平铺于搪瓷盘内，按所需的加水量将纯水均匀喷洒在土样上，充分拌匀后装入盛土器内盖紧，润湿一昼夜（砂土的润湿时间可酌减）。

2 将配制好的土装入试样杯中，以装实装满为度。杯口加盖。将热电偶测温端插入试样中心，杯盖周侧用硝基漆密封。

3 按本细则第 22.2.3 条 3～6 款的步骤进行试验。

22.2.5 冻结温度应按下式计算：

$$T = V/K_f \qquad (22.2.5)$$

式中：T——冻结温度（℃）；

V——热电势跳跃后的稳定值（μV）；

K_f——热电偶的标定系数（μV/℃）。

22.2.6 冻结温度试验的记录格式见附录 D 表 D-29 的规定，并以温度为纵坐标，时间为横坐标，绘制温度和时间过程曲线。

22.3 冻土含水率试验

22.3.1 本试验方法适用于有机质含量不大于干土质量 5％的人工冻土。当有机质含量在 5％～10％之间，仍允许采用烘干法，但需注明有机质含量。

22.3.2 本试验的标准方法为烘干法。在现场或需要快速测定含水率时可采用联合测定法。

Ⅰ 烘干法

22.3.3 本试验所用的仪器设备应符合下列规定：

1 烘箱：可采用电热烘箱或温度能保持 105℃～110℃ 的其

他加热干燥设备。

2 天平:称量 500g,分度值 0.1g;称量 5000g,最小分度值 1g。

3 称量盒:可将盒调整为恒量并定期校正。

4 其他:干燥器、搪瓷盘、切土刀、吸水球、滤纸。

22.3.4 烘干法试验应按下列步骤进行:

1 每个试样的质量不宜少于 50g,试验应符合本细则第 4.2.2 条～4.2.3 条的规定。

2 试验应进行两次平行测定,取其算术平均值,其最大允许平行差值应符合表 22.3.4 的规定。

表 22.3.4 冻土含水率测定平行差值(%)

含水率 w_f	最大允许平行差值
$w_f \leqslant 10$	± 1
$10 < w_f \leqslant 20$	± 2
$20 < w_f \leqslant 30$	± 3

22.3.5 人工冻土含水率应按本细则(4.2.3)式计算。

22.3.6 烘干法人工冻土含水率试验的记录格式见附录 D 表 D-30 的规定。

Ⅱ 联合测定法

22.3.7 本试验所用的仪器设备应符合下列规定:

1 排液筒(图 22.3.7)。

2 台秤:称量 5kg,分度值 1g。

3 量筒:容量 1000mL,分度值 10mL。

22.3.8 联合测定法试验应按下列步骤进行:

1 将排液筒置于台秤上,拧紧虹吸管止水夹。排液筒在台秤上的位置,在试验过程中不得移动。

2 取 1000g～1500g 保鲜膜包装好的冻土试样。

3 将接近 0℃ 的清水缓慢倒入排液筒,使水面超过虹吸管顶。

4 松开虹吸管的止水夹,使排液筒中的水面徐徐下降,待水面稳定和虹吸管不再出水时,拧紧止水夹,称排液筒和水的质量。

5 将冻土试样轻轻放入排液筒中,松开止水夹,使排液筒中的水流入量筒内。

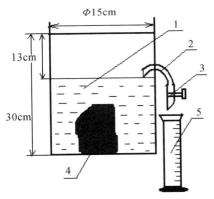

图 22.3.7 排液筒装置示意图

1—排液筒;2—虹吸管;3—止水夹;4—冻土试样;5—量筒

6 水流停止后,拧紧止水夹,立即称排液筒、水和试样质量。同时测读量筒中水的体积,用以校核冻土试样的体积。

7 使冻土试样在排液筒中充分融化成松散状态,澄清。补加清水使水面超过虹吸管顶。

8 松开止水夹,排水。当水流停止后,拧紧止水夹,并称排液筒、水和土颗粒质量。

9 在试验过程中应保持水面平稳,在排水和放入冻土试样时排液筒不得发生上下剧烈晃动。

22.3.9 人工冻土含水率 w_f 应按下式计算,计算至 0.1%。

$$w_f = \left[\frac{m_f(G_s - 1)}{(m_{tws} - m_{tw})G_s} - 1\right] \times 100 \quad (22.3.9)$$

式中:m_f——冻土试样质量(g);

m_{tw}——筒加水的质量(g);

m_{tws}——筒、水和冻土颗粒的总质量(g);

G_s——土粒比重。

22.3.10 联合测定法冻土含水率试验的记录格式见附录 D 表 D-31 的规定。

22.4 冻土密度试验

22.4.1 本试验方法适用于原状冻土和人工冻土。

22.4.2 根据冻土的特点和试验条件宜采用浮称法,在无烘干设备的现场或需要快速测定时可采用联合测定法。

22.4.3 人工冻土密度试验宜在负温环境下进行,无负温环境时,应采取保温措施和快速测定,试验过程中冻土表面不得发生融化。

22.4.4 人工冻土密度试验应进行不少于两组平行试验,对于整体状构造的冻土,两次测定的差值不得大于 $0.03g/cm^3$,结果取两次测值的平均值。

Ⅰ 浮称法

22.4.5 本试验所用的主要仪器设备应符合下列规定:

1 天平(图 22.4.5):称量 1000g,最小分度值 0.1g。

2 液体密度计:分度值为 $0.001g/cm^3$。

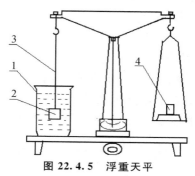

图 22.4.5 浮重天平

1—盛液筒;2—试样;3—细线;4—砝码

3 温度表:测量范围为－30℃～＋20℃,分度值为0.1℃。

4 量筒:容积为1000mL。

5 盛液筒:容积为1000mL～2000mL。

22.4.6 本试验所用的试验溶液可采用煤油或0℃纯水。试验前应先用密度计法测定不同温度下煤油的密度,绘出密度与温度关系曲线。采用0℃纯水,在试样温度较低时,应快速测定,试样表面不得发生融化。

22.4.7 浮称法试验应按下列步骤进行:

1 天平调平,将空盛液筒置于称重一端。

2 切取300g～1000g冻土试样,放入盛液筒中,称盛液筒和冻土试样质量(m_f),准确至0.1g。

3 将事先预冷至接近冻土试样温度的煤油缓慢注入盛液筒,液面宜超过试样顶面2cm,并用温度表测量煤油温度,准确至0.1℃。

4 称取试样在煤油中的质量(m_{fm}),准确至0.1g。

5 从煤油中取出冻土试样,削去表层带煤油的部分,然后按规定取样测定冻土的含水率。

22.4.8 人工冻土密度应按下列公式计算:

$$\rho_f = \frac{m_f}{V} \qquad (22.4.8-1)$$

$$V = \frac{m_f - m_{fm}}{\rho_m} \qquad (22.4.8-2)$$

式中:ρ_f——冻土密度(g/cm^3);

V——冻土试样体积密度(cm^3);

m_f——冻土试样质量(g);

m_{fm}——冻土在煤油中的质量(g);

ρ_m——试验温度下煤油的密度(g/cm^3),可查煤油密度与温度关系曲线。

22.4.9 人工冻土的干密度应按下式计算:

$$\rho_{fd} = \frac{\rho_f}{1 + 0.01 w_f} \qquad (22.4.9)$$

式中：ρ_{fd}——人工冻土干密度（g/cm³）；

$\qquad w_f$——冻土含水率（%）；

22.4.10 浮称法冻土密度试验的记录格式见附录 D 表 D-32 的规定。

Ⅱ 联合测定法

22.4.11 本试验所用的仪器设备应符合本细则 22.3.7 条规定。

22.4.12 联合测定法试验应按本细则 22.3.8 条的步骤进行。

22.4.13 冻土的含水率和密度应按下列各式计算：

$$w = \left[\frac{m(G_s - 1)}{(m_3 - m_1) G_s} - 1 \right] \times 100 \qquad (22.4.13\text{-}1)$$

$$\rho_f = \frac{m_f}{V} \qquad (22.4.13\text{-}2)$$

$$V = \frac{m_f + m_1 - m_2}{\rho_w} \qquad (22.4.13\text{-}3)$$

式中：V ——冻土试样体积（cm³）；

$\qquad m_f$——冻土试样质量（g）；

$\qquad m_1$——冻土试样放入排液筒前的筒、水总质量（g）；

$\qquad m_2$——放入冻土试样后的筒、水、试样总质量（g）；

$\qquad \rho_w$——水的密度（g/cm³）。

22.4.14 联合测定法的冻土干密度应按本细则（22.4.9）式计算。

22.4.15 本试验应进行两次平行试验，试验结果取其算术平均值。

22.5 冻土导热系数试验

22.5.1 本试验采用稳定态比较法，适用于扰动黏性土和砂性土。

22.5.2 仪器设备由恒温系统、测温系统和试样盒组成(图22.5.2),应符合下列规定:

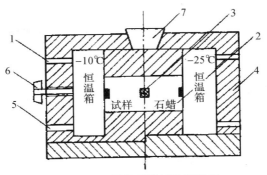

图 22.5.2 导热系数试验装置图

1—冷浴循环液出口;2—试样盒;3—热电偶测温端;4—保温材料;

5—冷浴循环液进口;6—夹紧螺杆;7—保温盖

1 恒温系统由两个尺寸为 $L \times B \times H(cm):50 \times 20 \times 50$ 的恒温箱和两台低温循环冷浴组成。恒温箱与试样盒接触面应采用 5mm 厚的平整铜板。两个恒温箱分别提供两个不同的负温环境($-10℃$ 和 $-25℃$)。恒温精度应为 $\pm0.1℃$。

2 测温系统由热电偶、零温瓶和量程为 $2mV$、分度值 $1\mu V$ 的数字电压表组成。有条件时,后者可用数据采集仪,并与计算机连接。

3 试样盒两只,其外形尺寸均为 $L \times B \times H(cm):25 \times 25 \times 25$,盒面两侧为厚 $0.5cm$ 的平整铜板,试样盒的两侧、底面和上端盒盖应采用尺寸为 $25cm \times 25cm$,厚 $0.3cm$ 的胶木板。

22.5.3 导热系数试验应按下列步骤进行:

1 将风干试样平铺在搪瓷盘内,按所需含水率制备土样。

2 将土样按要求的密度装入一个试样盒,盖上盒盖。装土时,将两支热电偶的测温端安装在试样两侧铜板内壁中心位置。

3 另一个试样盒装入石蜡,作为标准试样。装石蜡时,按本条 2 款的要求安装两支热电偶。

4 将装有石蜡和试样的试样盒安装好,驱动夹紧螺杆使试样盒和恒温箱的各铜板面接触紧密。

5 接通测温系统。

6 开动两个低温循环冷浴,分别设定冷浴循环液温度为-10℃和-25℃。

7 冷浴循环液达到要求温度再运行 8h 后,开始测温。每隔 10min 分别测定一次标准试样和冻土试样两侧壁面的温度,并记录。当各点的温度连续 3 次测得的差值小于 0.1℃时,试验结束。

8 取出冻土试样,测定其含水率和密度。

22.5.4 导热系数应按下式计算:

$$\lambda = \frac{\lambda_0 \Delta\theta_0}{\Delta\theta}$$ （22.5.4）

式中:λ ——冻土的导热系数(W/m·K);

λ_0 ——石蜡的导热系数(0.279W/m·K);

$\Delta\theta_0$ ——石蜡样品盒中两壁温度差(℃);

$\Delta\theta$ ——待测试样中两壁温度差(℃)。

22.5.5 人工冻土导热系数试验的记录格式见附录 D 表 D-33 的规定。

22.6 人工冻土直接剪切试验

22.6.1 本试验适用于冻结原状土及重塑土等人工冻土,试验用仪器、设备可按下列规定执行:

1 冻土直剪仪:剪切盒(上剪切盒和下剪切盒)、垂直加压框架、负荷传感器、冷浴循环系统、数据采集仪及推动机构等。

2 应力及变形测试元件:压力传感器(量程 0kN～200kN,精度 1%);位移传感器(轴向量程 0mm～50mm,精度 1%);数据自动采集系统等。

3 温度传感器：量程−40℃～+40℃，精度 0.2℃。

4 试验用含水率、密度测试装置。

22.6.2 冻结原状土试样和冻结重塑土试样，试样尺寸为100mm×100mm×60mm，每层土每个试验温度 4 个试样。

22.6.3 应变速率控制加载方式下人工冻土直接剪切试验应按下列步骤进行：

1 选择试样应变速率为 0.8mm/min～1.2mm/min 剪切，有特殊要求时按要求确定。

2 将达到试验温度要求的人工冻土试样安放到剪切盒，开启冷浴循环系统，加载控制系统和数据采集系统。

3 当剪应力达到峰值或稳定时，继续剪切到应变增加 3%～5%，即可停止试验；若压力传感器读数无明显变化，试验直至应变达到 20% 为止，记录荷载及变形终值。

4 停机卸载后取下试样，描述试样破坏后的状况，做好记录。

22.6.4 人工冻土直接剪切试验结果处理应符合下列要求：

1 以剪应力为纵坐标，剪切位移为横坐标，绘制剪应力 τ 与剪切位移 ΔL 关系曲线。

2 选取剪应力 τ 与剪切位移 ΔL 关系曲线上的峰值点或稳定值作为抗剪强度 S。当无明显峰点时，取剪切位移 ΔL 等于4mm 对应的剪应力作为抗剪强度 S。

3 以抗剪强度 S 为纵坐标，垂直单位压力 p 为横坐标，绘制抗剪强度 S 与垂直压力 p 的趋势线，其倾角为人工冻土的内摩擦角 φ，纵坐标轴上的截距为黏聚力 c。

4 直接剪切试验以三个试样的平均值作为试验结果，当最大值和最小值与中间值之差均超过 15% 时，该组试验结果无效。

22.6.5 人工冻土直接剪切试验的记录格式见附录 D 表 D-34 的规定。

22.7 冻胀率试验

22.7.1 本试验方法适用于原状、扰动黏性土和砂性土,试验降温速度黏土应为 0.3℃/h,砂质土应为 0.2℃/h。

22.7.2 仪器设备由试样盒、恒温箱、温度控制系统、温度监测系统、补水系统、变形监测系统和加压系统组成,且应符合下列规定:

1 试样盒由外径为 12cm、壁厚为 1cm 的有机玻璃筒和与之配套的顶、底板组成(图 22.7.2)。有机玻璃筒周侧每隔 1cm 设热敏电阻温度计插入孔。顶底板的结构能提供恒温液循环和外界水源补给通道,并使板面温度均匀。

2 恒温箱的容积不小于 0.8m³,内设冷液循环管路和加热器(功率为 500W),通过热敏电阻温度计与温度控制仪相连,使试验期间箱温保持在 1±0.5℃。

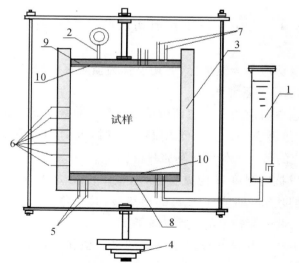

图 22.7.2 试样盒结构示意图

1—供水装置;2—百分表;3—保温材料;4—加压装置;5—正温循环液进出口;6—热敏电阻测温点;7—负温循环液进出口;8—底板;9—顶板;10—滤水板

142

3 温度控制系统由低温循环浴和温度控制仪组成,提供试验所需的顶、底板温度。

4 温度监测系统由热敏电阻温度计、数据采集仪和电子计算机组成,监测试验过程中土样、顶、底板温度和箱温变化。

5 补水系统由恒定水位的供水装置通过塑料管与顶板相连,水位应高出顶板与土样接触面1cm,试验过程中定时记录水位以确定补水量。

6 变形监测系统可用百分表或位移传感器(量程30mm,最小分度值0.01mm),有条件时可采用数据采集仪和计算机组成,监测试验过程中土样变形量。

7 加压系统由液压油源及加压装置(或加压框架和砝码)组成。加压系统仅在需要模拟原状土天然受压状况时使用,加载等级根据天然受压状况确定。

22.7.3 原状土试验应按下列步骤进行:

1 土样应按自然沉积方向放置,剥去蜡封和胶带,开启土样筒取出土样。

2 用土样切削器将原状土样削成 $\Phi 50mm \times 100mm$ 的试样,称量确定密度并取余土测定初始含水率。

3 有机玻璃试样盒内壁涂上一薄层凡士林,放在底板上,盒内放一张薄型滤纸,然后将试样装入盒内,让其自由滑落在底板上。

4 在试样顶面再加上一张薄型滤纸,然后放上顶板,并稍稍加力,以使试样与顶、底板接触紧密。

5 将盛有试样的试样盒放入恒温箱内,试样周侧、顶、底板内插入热敏电阻温度计,试样周侧包裹5cm厚的泡沫塑料保温,连接顶、底板冷液循环管路及底板补水管路,供水并排除底板内气泡,调节水位,安装位移传感器。

6 开启恒温箱、试样盒、顶底板冷浴,设定恒温箱冷浴温度为−15℃,箱内气温为1℃,顶底板冷浴温度为1℃。

7 试样恒温 6h,并监测温度和变形,待试样初始温度均匀达到 1℃以后,开始试验。

8 底板温度调节到 −15℃并持续 0.5h,让试样迅速从底面冻结,然后将底板温度调节到 −2℃,使黏土以 0.3℃/h,砂土以 0.2℃/h 的速度下降,保持箱温和顶板温度均为 1℃,记录初始水位,每隔 1h 记录水位、温度和变形量各一次,试验持续 72h。

9 试验结束后,迅速从试样盒中取出土样,测量试样高度并测定冻结深度。

22.7.4 扰动土试验应按下列步骤进行:

1 称取风干土样 500g,加纯水拌匀呈稀泥浆,装入内径为 10cm 的有机玻璃筒内,加压固结,直至达到所需初始含水率后,将土样从有机玻璃筒中推出,并将土样高度修正到 5cm。

2 继续按第 22.7.3 条 3~9 款的步骤进行试验。

22.7.5 冻胀率应按下式计算:

$$\eta = \frac{\Delta h}{H_f} \times 100 \qquad (22.7.5)$$

式中:η——冻胀率(%);

Δh——试验期间总冻胀量(mm);

H_f——冻结深度(不包括冻胀量)(mm)。

22.7.6 原状土和扰动土冻胀力试验可按下列步骤进行:

1 按第 22.7.3、22.7.4 条 1~7 款进行试验,待冷板温度达到试验温度时,安装调试好量表或压力传感器。

2 当试样在某级荷载下间隔 2h 不再冻胀时,则试样在该级荷载下达到稳定,允许冻胀量不应大于 0.01mm,记录施加的平衡荷载,或由数据采集系统自动记录。

22.7.7 冻胀力应按下式计算:

$$\sigma_{fh} = \frac{F}{A} \qquad (22.7.7)$$

式中:σ_{fh}——t 时刻试样的冻胀力(MPa);

F——t 时刻试样的轴向荷载（N）；

A——试样的截面积（mm²）。

22.7.8 冻胀率试验的记录格式见附录 D 表 D-35-1 的规定，冻胀力试验记录格式见附录 D 表 D-35-2 的规定。

22.8 人工冻土单轴抗压强度试验

22.8.1 本试验适用于冻结原状土及重塑土等人工冻土，试验用仪器、设备应符合下列规定：

1 冻土压力仪：采用单轴应变速率控制式必须具备使试样轴向应变速率为 1.0％/min 和 0.1％/min 的加载条件；采用负荷增加速率控制式必须具备在 0MPa/min～60MPa/min 范围内恒定任一加载速率值。

2 应力及变形测试元件：压力传感器（量程 0kN～100kN，精度 1％）；位移传感器（轴向量程 0mm～50mm，精度 1％，径向量程 0mm～25mm，精度 1％）；百分表；数据自动采集系统。

3 温度传感器：量程－40℃～＋40℃，精度 0.2℃。

4 试验用含水率、密度测试装置。

22.8.2 冻结原状土试样和冻结重塑土试样，其规格可采用 Φ61.8mm×150mm 和 Φ50mm×100mm，每层土每个试验温度 4 个试样。

22.8.3 应变速率控制加载方式下人工冻土单轴抗压强度试验应按下列步骤进行：

1 选择试样应变速率为 1.0％/min，有特殊要求时按要求确定。

2 试验前将试样表面涂抹一薄层凡士林，防止水分流失。

3 把已准备好的试样同轴放在压力仪上下加压板之间，安装压力传感器、位移传感器。

4 按设定加载速率开动压力仪，同时测读轴向变形和力值。当轴向应变在 3％之内时，每增加 0.3％～0.5％（或轴向变形 0.5mm)测读一次;超过 3% 时,每增加 0.6% ～1.0%(或轴向变形 1mm)测读一次。

5 当力值达到峰值或稳定时,再继续增加 3% ～5% 的应变值,即可停止试验;如果力值一直增加,则试验进行到轴向应变达到或大于 25% 为止。如果在刚性试验机上做应力－应变全过程试验,则一直进行到应力接近零为止。

6 停机卸载后取下试样,描述试样破坏后的状况,做好记录。

7 对于冻结原状土试样的试验,若需测定抗压强度、灵敏度时,可将冻结原状土在常温下解冻,105℃～110℃温度下烘干,按原状土密度及含水率制成相同规格的冻结重塑土试样,再按 1～5 款规定的步骤进行试验。

22.8.4 单轴负荷增加速率控制式下人工冻土单轴抗压强度试验应按下列步骤进行:

1 准备工作按 22.8.3 条 2～3 款规定的步骤进行。

2 确定负荷增加速率,使试样在 30s±5s 内达到破坏或轴向变形大于 20% 为止。

3 试验中按确定的负荷增加速率加载,测读轴向变形和力值。若用百分表测量变形,根据本条第 2 款确定的负荷增加速率选取测读间隔,至少应有 5 个以上有效读数。

4 试验过程按 22.8.3 条 4～7 款规定的步骤进行。

22.8.5 人工冻土单轴抗压强度计算如下:

1 应变应按下式计算:

$$\varepsilon_1 = \frac{\Delta h}{h_0} \qquad (22.8.5\text{-}1)$$

式中:ε_1——轴向应变;

Δh——轴向变形(mm);

h_0——试验前试样高度(mm)。

2 试样横截面积校正应按下式计算:

$$A_a = A_0/(1 - \varepsilon_1)\qquad(22.8.5\text{-}2)$$

式中:A_a——校正后试样截面积(mm^2);

A_0——试验前试样截面积(mm^2)。

3 应力应按下式计算:

$$\sigma = F/A_a\qquad(22.8.5\text{-}3)$$

式中:σ——轴向应力(MPa);

F——轴向荷载(N)。

4 应力—应变曲线

以轴向应力为纵坐标,轴向应变为横坐标,绘制应力—应变曲线,取最大轴向应力为冻土单轴抗压强度。

5 灵敏度应按下式计算:

$$S_t = \sigma_b/\sigma_b'\qquad(22.8.5\text{-}4)$$

式中:σ_b——原状人工冻土瞬时单轴抗压强度(MPa);

σ_b'——重塑人工冻土瞬时单轴抗压强度(MPa)。

6 试验结果

单轴抗压强度以三个试样的平均值作为试验结果,当最大值和最小值与中间值之差均超过 15% 时,该组试验结果无效。

22.8.6 人工冻土单轴抗压强度试验的记录格式见附录 D 表 D-36 的规定。

22.9 人工冻土抗折强度试验

22.9.1 本试验适用于冻结原状土及重塑土的抗折强度的测定,主要试验仪器、设备应符合下列规定:

1 低温冻土抗折试验机:最大轴向压力 100kN,精度 1%。

2 压力传感器:量程 0kN~100kN,精度 1%。

3 温度传感器:量程 −40℃ ~ +40℃,精度 0.2℃。

4 试验加载装置:双点加载的钢制加压头,其要求应使两个相等的荷载同时作用在小梁的两个三分点处;与试样接触的两个支座头和两个加压头应具有直径约 15mm 的弧形端面(为防止接触面出现压融,弧形端面宜采用非金属材料制作),其中的一个支座头及两个加压头宜做成使之既能滚动又能前后倾斜。试样受力情况如图 22.9.1 所示。

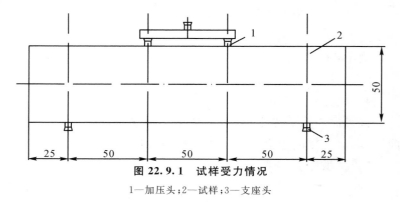

图 22.9.1 试样受力情况

1—加压头;2—试样;3—支座头

22.9.2 人工冻土抗折强度试验各层土每个试验温度 4 个试样,试样规格为 200mm×50mm×50mm。

22.9.3 人工冻土抗折强度试验应按下列步骤进行:

1 将试样在试验机的支座上放稳对中,承压面应选择试样成型时的侧面。按图 22.9.1 要求,调整支座和加压头位置,其间距的尺寸偏差应不大于±1mm。

2 开动试验机,当加载压头与试样快接近时,调整加压头及支座,使接触均衡。对试样进行两次预弯,预弯荷载均相当于破坏荷载的 5%～10%。

3 以 60N/s 的速度连续而均匀地加载(不得冲击)。每加载 100N 或 200N 测读并记录应变值,当试样接近破坏时应停止调整试验机油门直至试样破坏;如果试样没有破坏,支座位置已经发生错动,则停止试验,破坏荷载按发生错动时荷载计算,记录破坏荷载。

4 停机卸载后取下试样,描述试样破坏后的状况,做好记录。

22.9.4 抗折强度应按下式计算：

$$f_f = \frac{pl}{bh^2} \qquad (22.9.4)$$

式中：f_f——抗折强度（MPa）；

p——破坏荷载（MPa）；

l——支座间距 $l = 3h$（mm）；

b——试样截面宽度（mm）；

h——试样截面高度（mm）。

试验结果按 22.8.5 条第 6 款处理。

22.9.5 人工冻土抗折强度试验的记录格式见附录 D 表 D-37 的规定。

22.10 人工冻土融化压缩试验

22.10.1 人工冻土融化压缩试验是测定冻土融化过程中的相对下沉量（融沉系数）、融沉后的变形与压力关系（融化压缩系数）。

22.10.2 本试验适用于冻结黏土和粒径小于 2mm 的冻结砂土。

22.10.3 本试验宜在负温环境下进行。严禁在切样和装样过程中使试样表面发生融化。试验过程中试样应满足自上而下单向融化。

22.10.4 本试验所用的仪器设备应符合下列规定：

1 融化压缩仪（图 22.10.4）：加热传压板应采用导热性能好的金属材料制成；试样环应采用有机玻璃或其他导热性低的非金属材料制成，其尺寸宜为：内径 79.8mm，高 40.0mm；保温外套可用聚苯乙烯或聚胺酯泡沫塑料。

2 原状冻土钻样器：原状冻土取样器钻具开口内径应为 79.8mm，钻样时将试样环套入钻具内，环外壁与钻具内壁应吻合平滑。

3 恒温供水设备。

4 加荷和变形测量设备应符合本细则第10.2节的规定。

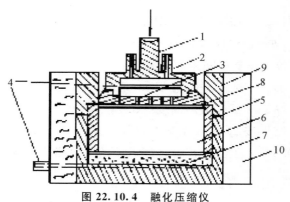

图 22.10.4 融化压缩仪

1—加热传压板;2—热循环水进出口;3—透水板;4—上下排水孔;5—试样杯;
6—试样;7—透水板;8—滤纸;9—导环;10—保温外套

22.10.5 融化压缩试验应按下列步骤进行:

1 钻取冻土试样,其高度应大于试样环高度。从钻样剩余的冻土中取样测定含水率。钻样时必须保持试样的层面与原状土一致,且不得上下倒置。

2 冻土试样必须与试样环内壁紧密接触。刮平上下面,但不得造成试样表面发生融化。测定冻土试样的密度。

3 在融化压缩容器内先放透水板,其上放一张润湿滤纸。将装有试样的试样环放在滤纸上,套上护环。在试样上铺滤纸和透水板,再放上加热传压板。然后装上保温外套。将融化压缩容器置于加压框架正中。安装百分表或位移传感器。

4 施加1kPa的压力。调平加压杠杆。调整百分表或位移传感器到零位。

5 用胶管连接加热传压板的热水循环水进出口与事先装有温度为40℃~50℃水的恒温水槽,并打开开关开动恒温器,以保持水温。

6 试样开始融沉时即开动秒表,分别记录 1、2、5、10、30、60min 时的变形量。以后每 2h 观测记录一次,直至变形量在 2h 内小于 0.05mm,并测记最后一次变形量。

7 融沉稳定后,停止热水循环,并开始加荷进行压缩试验。加荷等级视实际工程需要确定,宜取 50、100、200、400、800kPa,最后一级荷载应比土层的计算压力大 100kPa～200kPa。

8 施加每级荷载后 24h 为稳定标准,并测记相应的压缩量。直至施加最后一级荷载压缩稳定为止。

9 试验结束后,迅速拆除仪器各部件,取出试样,测定含水率。

22.10.6 融沉系数应按下式计算:

$$a_{f0} = \frac{\Delta h_{f0}}{h_{f0}} \times 100 \tag{22.10.6}$$

式中:α_{f0}——冻土融沉系数(%);

Δh_{f0}——冻土融化下沉量(mm);

h_{f0}——冻土试样初始高度(mm)。

22.10.7 冻土试样初始孔隙比应按下式计算:

$$e_{f0} = \frac{\rho_w G_s (1 + 0.01 w_f)}{\rho_{f0}} - 1 \tag{22.10.7}$$

式中:e_{f0}——冻土试样初始孔隙比;

ρ_{f0}——冻土试样初始密度(g/cm³)。

22.10.8 融沉稳定后和各级压力下压缩稳定后的孔隙比应按下列公式计算:

$$e = e_{f0} - (h_{f0} - \Delta h_0)\frac{1 + e_{f0}}{h_{f0}} \tag{22.10.8-1}$$

$$e_i = e - (h - \Delta h)\frac{1 + e}{h} \tag{22.10.8-2}$$

式中:e、e_i——分别为融沉稳定后和压力作用下压缩稳定后的孔隙比;

h、h_{f0}——分别为融沉稳定后和初始试样高度(mm);

Δh、Δh_0——分别为压力作用下稳定后的下沉量和融沉下沉量（mm）。

22.10.9 某一压力范围内的冻土融化压缩系数应按下式计算：

$$a_{fv} = \frac{e_i - e_{i+1}}{p_{i+1} - p_i} \times 10^3 \qquad (22.10.9)$$

式中：a_{fv}——某一压力范围内的冻土融化压缩系数（MPa^{-1}）。

22.10.10 以孔隙比为纵坐标、单位压力为横坐标绘制孔隙比与压力关系曲线。

22.10.11 冻土融化压缩试验的记录格式见附录 D 表 D-38 的规定。

22.11　人工冻土单轴蠕变试验

22.11.1 本试验适用于单向压缩应力条件下冻结原状土及重塑土蠕变性能的测定，主要试验仪器、设备应符合下列规定：

1 单轴蠕变试验仪：最大轴向压力 100kN，精度 1%。

2 应力及变形测试元件：压力传感器（量程 0kN～100kN，精度 1%）；位移传感器（轴向量程 0mm～50mm，精度 1%；径向量程 0mm～25mm，精度 1%）；数据自动采集系统。

3 温度传感器：量程 -40℃～+40℃，精度 0.2℃。

22.11.2 多试样单轴蠕变试验每一土层 5 个试样，单试样分级加载单轴蠕变试验 2 个试样，其中 1 个试样用于进行瞬时单轴抗压强度试验。

22.11.3 多试样单轴蠕变试验应按下列步骤进行：

1 测量试样尺寸，对冻结后变形的试样进行修正，称重并记录。

2 按本细则第 22.8 节规定，对 1 个试样进行瞬时单轴抗压强度试验。

3 确定合适的蠕变加载系数 k_i，可按 0.3、0.4、0.5 和 0.7（或根据试验需要选择）取值。对于需超过 100h 的蠕变试验，k_i 按 0.1、0.2、0.3 和 0.5 取值。

4 根据瞬时单轴抗压强度计算出逐级加载所需荷载。

5 在试样外套一层塑料膜，防止含水率变化，将试样安装在单轴蠕变试验仪上下加压头之间，连接压力量测系统、位移量测系统。

6 启动加载系统，迅速加载至所需荷载或应力值，将此刻的变形值（弹性变形）进行记录，并随时记录时间、变形值。试验过程中试样所受应力宜保持恒定（其波动度不超过 10kPa）。

7 当试样变形已达稳定 ($d\varepsilon/dt \leqslant 0.0005h^{-1}$，Ⅰ 类蠕变) 24h 小时以上或趋于破坏（Ⅱ 类蠕变）时，测试结束。记下时间、变形终值。

8 卸去荷载，取出试样，描述其破坏情况。

9 若需获得蠕变曲线簇，可根据需要确定几个不同的蠕变加载系数 k_i。重复 1、3~8 款。

22.11.4 单试样分级加载单轴蠕变试验应按下列步骤进行：

1 根据需要确定各级加载的蠕变加载系数 k_i，取值同 22.11.3 条第 4 款规定。

2 取最小一级蠕变加载系数，按 22.11.3 条第 1~6 款规定步骤进行。

3 测试进行到变形已达稳定 ($d\varepsilon/dt \leqslant 0.0005h^{-1}$，Ⅰ 类蠕变)，或变形速率趋于常数 ($d^2\varepsilon/dt^2 \leqslant 0.0005h^{-2}$，Ⅱ 类蠕变) 超过 24h（但不超过 48h）时，一级蠕变结束。

4 依次取不同的蠕变加载系数，计算出所需荷载值，重复本细则 22.11.3 条第 6 款和本条第 3 款规定的步骤。

5 当某一级的测试进入第三阶段时，不能再进行下一步的加载，可将此级蠕变进行到试验破坏为止。卸去荷载，取出试样,描述其破坏情况。

22.11.5 结果计算

1 轴向应变应按下式计算:

$$\varepsilon_h = \Delta h / h_0 \qquad (22.11.5\text{-}1)$$

$$\varepsilon_c = \varepsilon_h - \varepsilon_e \qquad (22.11.5\text{-}2)$$

式中:ε_h——轴向总应变;

Δh——试样轴向变形(mm);

h_0——试验前试样高度(mm);

ε_c——蠕变应变;

ε_e——弹性应变(加载过程瞬时应变)。

2 径向应变应按下式计算:

$$\varepsilon_d = \Delta D / D_0 \qquad (22.11.5\text{-}3)$$

式中:ε_d——径向应变;

ΔD——试样直径平均变化量(mm);

D_0——试验前试样直径(mm)。

3 应力荷载应按下式计算:

$$\sigma_i = k_i \cdot \sigma_b \qquad (22.11.5\text{-}4)$$

$$p_i = k_i \sigma_b A_i \qquad (22.11.5\text{-}5)$$

$$A_i = \frac{A_{i-1}}{1 - \varepsilon_{i-1}} \qquad (22.11.5\text{-}6)$$

式中:σ_i——第 i 级加载应力(MPa);

k_i——第 i 级蠕变加载系数;

σ_b——瞬时单轴抗压强度(MPa);

p_i——第 i 级所加荷载值(N);

A_i——第 i 级加载时试样横截面积(mm^2)。

4 蠕变模型:

$$\varepsilon_c = f(T, \sigma_i, t) = \frac{A}{(\mid T \mid + 1)^D} \cdot \sigma^B \cdot t^c$$

$$(22.11.5\text{-}7)$$

式中：T——试验温度（℃）；

t——蠕变时间（h）；

σ——轴向恒应力（MPa）；

A、B、C、D——蠕变参数。

23 土的化学试验

23.1 有机质试验——灼失量法

23.1.1 本方法适用于有机质含量大于 5％的土。

23.1.2 仪器设备：

1 高温炉：自动控制温度达 1300℃，准确度小于等于全量程 1％。

2 天平：称量 100g，最小分度值 0.001g。

3 瓷坩埚、干燥器、坩埚钳等。

23.1.3 试验步骤：

1 先将空坩埚放入已经升温至 550℃ 的高温炉中灼烧 0.5h，取出坩埚置于干燥器中冷却至室温，称量，反复灼烧，直至恒量。

2 应控制在 65℃～70℃ 的恒温下烘土样至恒重。

3 称取通过 1mm 筛孔的烘干土样 1g～2g，称准到 0.001g。

4 将试样放入已灼烧至恒量的坩埚中，把坩埚放入未升温的高温炉内，斜盖上坩埚盖。

5 徐徐升温至 550℃，并保持恒温不小于 0.5h。

6 取出稍冷，盖上坩埚盖。放入干燥器内，冷却 0.5h 后称量。

7 重复灼烧称量，到前后两次质量相差小于 0.5mg，即为恒量。至少做一次平行试验。

23.1.4 结果整理：

灼失量应按下式计算：

$$W_u = \frac{m - (m_2 - m_1)}{m} \times 100 \qquad (23.1.4)$$

式中:W_u——土的灼失量(%);

m——烘干土样质量(g);

m_1——空坩埚质量(g);

m_2——灼烧后土样+空坩埚质量(g)。

23.1.5 有机质(灼失量法)试验的记录格式见附录 D 表 D-39的规定。

23.2 酸碱度试验

23.2.1 本试验方法采用电测法,适用于各类土。

23.2.2 本试验所用的主要设备应符合下列规定:

1 酸度计:应附玻璃电极、甘汞电极或复合电极。

2 分析筛:孔径 2mm。

3 天平:称量 200g,最小分度值 0.01g。

4 电动振荡器和电动磁力搅拌器。

5 其他设备:烘箱、烧杯、广口瓶、玻璃棒、1000mL 容量瓶、滤纸等。

23.2.3 本方法所用试剂应符合下列规定:

1 标准缓冲溶液 pH 值=4.01:

准确称取经 105℃~110℃烘干 2h,在干燥器中冷却至室温的邻苯二甲酸氢钾($KHC_8H_4O_4$)10.21g,溶于煮沸冷却后的水中,移入 1000mL 容量瓶,用水稀释至标线,混匀。

2 标准缓冲溶液 pH 值=6.87:

准确称取经 105℃~110℃烘干 2h,在干燥器中冷却至室温的磷酸二氢钾(KH_2PO_4)3.39g 和磷酸氢二钠(Na_2HPO_4)3.53g,溶于煮沸冷却后的水中,移入 1000mL 容量瓶,用水稀释至标线,混匀。

3 标准缓冲溶液 pH 值=9.18:

准确称取硼砂($Na_2B_4O_7 \cdot 10H_2O$)3.80g,溶于煮沸冷却后的水中,定容至 1000mL,储存于干燥密闭的塑料瓶中,使用 2 个月。

4 饱和氯化钾溶液:

将氯化钾(KCl)溶于 100mL 纯水中,混匀,直至溶液中出现氯化钾晶体为止。

23.2.4 酸度计校正:应在测定试样悬液之前,按照酸度计使用说明书,用标准缓冲溶液进行标定。

23.2.5 试样悬液的制备:称取过 2mm 筛的风干试样 10g,放入广口瓶中,加纯水 50mL(土水比为 1:5),振荡 3min,静置 30min。

23.2.6 酸碱度试验应按下列步骤进行:

1 于小烧杯中倒入试样悬液至杯容积的 2/3 处,杯中投入搅拌棒一支,然后将杯置于电动磁力搅拌器上。

2 小心地将玻璃电极和甘汞电极(或复合电极)放入杯中,直至玻璃电极球部被悬液浸没为止,电极与杯底应保持适量距离,然后将电极固定于电极架上,并使电极与酸度计连接。

3 开动磁力搅拌器,搅拌悬液约 1min 后,按照酸度计使用说明书测定悬液的 pH 值,准确至 0.01。

4 测定完毕,关闭电源,用纯水洗净电极,并用滤纸吸干,或将电极浸泡于纯水中。

23.2.7 酸碱度试验的记录格式见附录 D 表 D-40 的规定。

23.3 易溶盐试验——总量测定

23.3.1 试验样品的制备

1 所需设备:分析筛,孔径 2mm。

2 样品风干。

3 碾碎,过 2mm 筛备用。

23.3.2 浸出液制取

1 本试验方法适用于各类土。

2 主要仪器设备:

1)天平:称量 200g,最小分度值 0.01g。

2)电动振荡器。

3)过滤设备:抽滤瓶、平底瓷漏斗、真空泵等。

4)离心机:转速为 1000r/min。

3 浸出液制取应按下列步骤进行:

1)称取制备好的试样 50g～100g(视土中含盐量和分析项目而定),准确至 0.01g。置于广口瓶中,按土水比 1:5 加入纯水,搅匀,在振荡器上振荡 3min 后抽气过滤。另取试样 3g～5g 测定风干含水率。

2)将滤纸用纯水浸湿后贴在漏斗底部,漏斗装在抽滤瓶上,连通真空泵抽气,使滤纸与漏斗贴紧,将振荡后的试样悬液摇匀,倒入漏斗中抽气过滤,过滤时漏斗应用表面皿盖好。

3)当发现滤液混浊时,应重新过滤,经反复过滤,如果仍然混浊,应用离心机分离。所得的透明滤液,即为试样浸出液,贮于细口瓶中供分析用。

23.3.3 易溶盐总量测定

1 本试验采用蒸干法,适用于各类土。

2 主要仪器设备:

1)分析天平:称量 200g,最小分度值 0.0001g。

2)水浴锅、蒸发皿。

3)烘箱、干燥器、坩埚钳等。

4)移液管。

3 本试验所用的试剂:

1)15% 双氧水溶液。

2)2% 碳酸钠溶液。

4 易溶盐总量测定,应按下列步骤进行:

1)用移液管吸取试样浸出液 50mL～100mL,注入已知质量的蒸发皿中,盖上表面皿,放在水浴锅上蒸干。当蒸干残渣中呈现黄褐色时,应加入15%双氧水1mL～2mL,继续在水浴锅上蒸干,反复处理至黄褐色消失。

2)将蒸发皿放入烘箱,在105℃～110℃温度下烘干4h～8h,取出后放入干燥器中冷却,称蒸发皿加试样的总质量,再烘干2h～4h,于干燥器中冷却后再称蒸发皿加试样的总质量,反复进行至最后相邻两次质量差值不大于0.0001g。

3)当浸出液蒸干残渣中含有大量结晶水时,将使测得易溶盐质量偏高,遇此情况,可取蒸发皿两个,一个加浸出液50mL,另一个加纯水50mL(空白),然后各加入等量2%碳酸钠溶液,搅拌均匀后,一起按照本款1、2项的步骤操作,烘干温度改为180℃。

23.3.4 易溶盐含量计算:

1 未经2%碳酸钠处理的易溶盐总量按下式计算:

$$W = \frac{(m_2 - m_1)\frac{V_w}{V_s}(1 + 0.01w)}{m_s} \times 100 \quad (23.3.4\text{-}1)$$

2 用2%碳酸的溶液处理后的易溶盐总量按下式计算:

$$W = \frac{(m - m_0)\frac{V_w}{V_s}(1 + 0.01w)}{m_s} \times 100 \quad (23.3.4\text{-}2)$$

其中 $\left. \begin{array}{l} m_0 = m_3 - m_1 \\ m = m_4 - m_1 \end{array} \right\}$ $\qquad (23.3.4\text{-}3)$

式中:W——易溶盐总量(%);

V_w——浸出液用纯水体积(mL);

V_s——吸取浸出液体积(mL);

m_s——风干试样质量(g);

w——风干试样含水率(%);

m_1——蒸发皿质量(g);

m_2——蒸发皿加供干残渣质量(g);

m_3——蒸发皿加碳酸钠蒸干后质量（g）；

m_4——蒸发皿加 Na_2CO_3 加试样蒸干后的质量（g）；

m_0——蒸干后 Na_2CO_3 质量（g）；

m——蒸干后试样加 Na_2CO_3 质量（g）。

23.3.5 易溶盐总量测定试验的记录格式见表 D-41 的规定。

23.4 易溶盐试验——碳酸根和重碳酸根的测定

23.4.1 本试验方法适用于各类土。

23.4.2 主要仪器设备：

1 酸式滴定管：容量 25mL，最小分度值 0.05mL。

2 分析天平：称量 200g，最小分度值 0.0001g。

3 其他设备：移液管、锥形瓶、烘箱、容量瓶。

23.4.3 所用试剂，应符合下列规定：

1 甲基橙指示剂（0.1%）：称 0.1g 甲基橙溶于 100mL 纯水中。

2 酚酞指示剂（0.5%）：称取 0.5g 酚酞溶于 50mL 乙醇中，用纯水稀释至 100mL。

3 硫酸标准溶液：溶解 3mL 分析纯浓硫酸于适量纯水中，然后继续用纯水稀释至 1000mL。

4 硫酸标准溶液的标定：称取预先在 160℃～180℃烘干 2h～4h 的无水碳酸钠 3 份，每份 0.1g。精确至 0.0001g，放入 3 个锥形瓶中，各加入纯水 20mL～30mL，再各加入甲基橙指示剂 2 滴，用配制好的硫酸标准溶液滴定至溶液由黄色变为橙色为终点，记录硫酸标准溶液用量，按下式计算硫酸标准溶液的准确浓度。

$$c(H_2SO_4) = \frac{m(Na_2CO_3) \times 1000}{V(H_2SO_4)M(Na_2CO_3)} \qquad (23.4.3)$$

式中：$c(H_2SO_4)$——硫酸标准溶液浓度（mol/L）；

$V(H_2SO_4)$——硫酸标准溶液用量(mL);

$m(Na_2CO_3)$——碳酸钠的用量(g);

$M(Na_2CO_3)$——碳酸钠的摩尔质量(g/mol)。

计算至 0.0001mol/L。3 个平行滴定,平行误差不大于 0.05mL,取算术平均值。

3.4.4 碳酸根和重碳酸根的测定,应按下列步骤进行:

1 用移液管吸取试样浸出液 25mL,注入锥形瓶中,加酚酞指示剂 2 滴~3 滴,摇匀,试液如不显红色,表示无碳酸根存在,如果试液显红色,即用硫酸标准溶液滴定至红色刚褪去为止,记下硫酸标准溶液用量,准确至 0.05mL。

2 在加酚酞滴定后的试液中,再加甲基橙指示剂 1 滴~2 滴,继续用硫酸标准溶液滴定至试液由黄色变为橙色为终点,记下硫酸标准溶液用量,准确至 0.05mL。

23.4.5 碳酸根和重碳酸根的含量应按下列公式计算。

1 碳酸根含量应按下式计算:

$$b(CO_3^{2-}) = \frac{2V_1 c(H_2SO_4)\dfrac{V_w}{V_s}(1+0.01w) \times 1000}{m_s}$$

$$(23.4.5\text{-}1)$$

$$CO_3^{2-} = b(CO_3^{2-}) \times 10^{-3} \times 0.060 \times 100(\%) \quad (23.4.5\text{-}2)$$

$$CO_3^{2-} = b(CO_3^{2-}) \times 60(mg/kg \text{ 土}) \quad (23.4.5\text{-}3)$$

式中:$b(CO_3^{2-})$——碳酸根的质量摩尔浓度(mmol/kg 土);

CO_3^{2-}——碳酸根的含量(% 或 mg/kg 土);

V_1——酚酞为指示剂滴定硫酸标准溶液的用量(mL);

V_s——吸取试样浸出液体积(mL);

10^{-3}——换算因数;

0.060——碳酸根的摩尔质量(kg/mol);

60——碳酸根的摩尔质量(g/mol)。

计算至 0.01mmol/kg 土和 0.001% 或 1mg/kg 土。平行滴

定误差不大于 0.1mL,取算术平均值。

2 重碳酸根含量应按下式计算:

$$b(HCO_3^-) = \frac{2(V_2 - V_1)c(H_2SO_4)\frac{V_w}{V_s}(1+0.01w) \times 1000}{m_s}$$

(23.4.5-4)

$$HCO_3^- = b(HCO_3^-) \times 10^{-3} \times 0.061 \times 100(\%) \quad (23.4.5-5)$$

$$\text{或 } HCO_3^- = b(HCO_3^-) \times 61(mg/kg \text{ 土}) \quad (23.4.5-6)$$

式中:$b(HCO_3^-)$——重碳酸根的质量摩尔浓度(mmol/kg 土);

HCO_3^-——重碳酸根的含量(%或 mg/kg 土);

10^{-3}——换算因数;

V_2——甲基橙为指示剂滴定硫酸标准溶液的用量(mL);

0.061——重碳酸根的摩尔质量(kg/mol);

61——重碳酸根的摩尔质量(g/mol)。

计算至 0.01mmol/kg 土和 0.001%或 1mg/kg 土。平行滴定,允许误差不大于 0.1mL,取算术平均值。

23.4.6 易溶盐碳酸根(CO_3^{2-})重碳酸根(HCO_3^-)测定试验的记录格式见附录 D 表 D-42 的规定。

23.5 易溶盐试验——氯根的测定

23.5.1 本试验方法适用于各类土。

23.5.2 主要仪器设备:

1 分析天平:称量 200g,最小分度值 0.0001g。

2 酸式滴定管:容量 25mL,最小分度值 0.05mL,棕色。

3 其他设备:移液管、烘箱、锥形瓶、容量瓶等。

23.5.3 氯根测定所用试剂,应符合下列规定:

1 5%铬酸钾指示剂:

称取 5g 铬酸钾(K_2CrO_4)溶于适量纯水中,以 0.050mol/L

硝酸银溶液滴定,至出现微砖红色沉淀,静置 24h 以上,过滤并稀释至 100mL,混匀。

2 氯化钠基准溶液 $c(NaCl)＝0.050mol/L$:

将基准物氯化钠($NaCl$)置于瓷蒸发皿内,在高温炉中 500℃～600℃下灼烧 40min～50min,或在电炉上炒至无爆裂声,放入干燥器冷却至室温,再准确称取 2.922g 溶于适量水中,仔细地全部移入 1000mL 容量瓶,用水稀释至标线,混匀。

3 硝酸银标准溶液 $c(AgNO_3)＝0.020mol/L$:

1)称取预先在 105℃～110℃温度烘干 30min 的分析纯硝酸银($AgNO_3$)3.3974g 溶于适量水中,移入 1000mL 容量瓶,用水稀释至标线,混匀。贮于棕色瓶,用氯化钠基准溶液标定。

2)标定:吸取 0.050mol/L 氯化钠基准溶液 25.00mL(V_1),置于 150mL 锥形瓶中,加入 25mL 水和 5％铬酸钾指示剂 0.5mL,在不断振荡下用硝酸银标准溶液滴定,至溶液由黄色突变为微砖红色为终点,记录滴定消耗的硝酸银标准溶液体积(V_2)。同时取 25.00mL 蒸馏水代替氯化钠基准溶液按上述步聚做空白试验,记录消耗的硝酸银标准溶液体积(V_0)。

3)硝酸银标准溶液浓度应按下式计算:

$$c(AgNO_3)＝\frac{c(NaCl) \cdot V_1}{V_2-V_0}$$ (23.5.3)

式中:$c(AgNO_3)$——硝酸银标准溶液浓度(mol/L);

$c(NaCl)$——氯化钠基准溶液浓度(mol/L);

V_1——吸取氯化钠基准溶液体积(mL);

V_2——滴定消耗硝酸银标准溶液体积(mL);

V_0——空白支试验滴定消耗硝酸银标准溶液体积(mL)。

4 重碳酸钠 $c(NaHCO_3)$溶液:

称取重碳酸钠 1.7g 溶于纯水中,并用纯水稀释至 1000mL,其浓度约为 0.02mol/L。

23.5.4 测定应按下列步骤进行:

吸取试样浸出液 25mL 于锥形瓶中,加甲基橙指示剂 1 滴~2 滴,逐滴加入浓度 0.02mol/L 的重碳酸钠至溶液呈纯黄色(pH 值为 7),再加入铬酸钾指示剂 5 滴~6 滴,用硝酸银标准溶液滴定至生成砖红色沉淀为终点,记下硝酸银标准溶液的用量。

另取纯水 25mL 按本条款的步骤操作作空白试验。

23.5.5 氯根的含量应按下式计算:

$$b(Cl^-) = \frac{(V_2 - V_1)c(AgNO_3)\dfrac{V_w}{V_s}(1 + 0.01w) \times 1000}{m_s}$$

(23.5.5-1)

$$Cl^- = b(Cl^-) \times 10^{-3} \times 0.0355 \times 100(\%) \quad (23.5.5-2)$$

$$或 \ Cl^- = b(Cl^-) \times 35.5(mg/kg \ 土) \quad (23.5.5-3)$$

式中:$b(Cl^-)$——氯根的质量摩尔浓度(mmol/kg 土);

Cl^-——氯根的含量(%或 mg/kg 土);

V_1——浸出液消耗硝酸银标准溶液的体积(mL);

V_2——纯水(空白)消耗硝酸银标准溶液的体积(mL);

0.0355——氯根的摩尔质量(kg/mol)。

计算准确至 0.01mmol/kg 土和 0.001%或 1mg/kg 土。平行滴定偏差不大于 0.1mL,取算术平均值。

23.5.6 易溶盐氯根的测定试验的记录格式见附录 D 表 D-43 的规定。

23.6 易溶盐试验——硫酸根的测定(EDTA 络合容量法)

23.6.1 本试验方法适用于硫酸根含量大于、等于 0.025%(相当于 50mg/L)的土。

23.6.2 EDTA 络合容量法测定所用的主要仪器设备,应符合下列规定:

1 天平:称量 200g,最小分度值 0.0001g。

2 酸式滴定管:容量 25mL,最小分度值 0.1mL。

3 其他设备:移液管、锥形瓶、容量瓶、量杯、角匙、烘箱、研钵和杵、量筒。

23.6.3 EDTA 络合容量法测定所用的试剂,应符合下列规定:

1 1∶4 盐酸溶液:将 1 份浓盐酸与 4 份纯水互相混合均匀。

2 钡镁混合剂:称取 1.22g 氯化钡(BaCl₂ • 2H₂O)和 1.02g 氯化镁(MgCl₂ • 6H₂O),一起通过漏斗用纯水冲洗入 500mL 容量瓶中,待溶解后继续用纯水稀释至 500mL。

3 氨缓冲溶液:称取 70g 氯化铵(NH₄Cl)于烧杯中,加适量纯水溶解后移入 1000mL 量筒中,再加入分析纯浓氨水 570mL,最后用纯水稀释至 1000mL。

4 铬黑 T 指示剂:称取 0.5g 铬黑 T 和 100g 预先烘干的氯化钠(NaCl),互相混合研细均匀,贮于棕色瓶中。

5 锌基准溶液:称取预先在 105℃~110℃烘干的分析纯锌粉(粒)0.6538g 于烧杯中,小心地分次加入 1∶1 盐酸溶液 20mL ~30mL,置于水浴上加热至锌完全溶解(切勿溅失),然后移入 1000mL 容量瓶中,用纯水稀释至 1000mL。即得锌基准溶液浓度为:

$$c(Zn^{2+}) = \frac{m(Zn^{2+})}{V \times M(Zn^{2+})} = \frac{0.6538}{1 \times 65.38} = 0.0100(mol/L)$$

6 EDTA 标准溶液:

1)配制:称取乙二铵四乙酸二钠 3.72g 溶于热纯水中,冷却后移入 1000mL 容量瓶中,再用纯水稀释至 1000mL。

2)标定:用移液管吸取 3 份锌基准溶液,每份 20mL,分别置于 3 个锥形瓶中,用适量纯水稀释后,加氨缓冲溶液 10mL,铬黑 T 指示剂少许,再加 95% 乙醇 5mL,然后用 EDTA 标准溶液滴定至溶液由红色变亮蓝色为终点,记下用量。按下式计算 ED-TA 标准溶液的浓度。

$$c(\text{EDTA}) = \frac{V(\text{Zn}^{2+})c(\text{Zn}^{2+})}{V(\text{EDTA})} \qquad (23.6.3)$$

式中：$c(\text{EDTA})$——EDTA 标准溶液浓度（mol/L）；

$\qquad V(\text{EDTA})$——EDTA 标准溶液用量（mL）；

$\qquad c(\text{Zn}^{2+})$——锌基准溶液的浓度（mol/L）；

$\qquad V(\text{Zn}^{2+})$——锌基准溶液的用量（mL）。

计算至 0.0001mol/L，3 份平行滴定，滴定误差不大于 0.05mL，取算术平均值。

7 乙醇：浓度为 95%。

8 1：1 盐酸溶液：取 1 份盐酸与 1 份水混合均匀。

9 5% 氯化钡（$BaCl_2$）溶液：溶解 5g 氯化钡（$BaCl_2$）于 1000mL 纯水中。

23.6.4 EDTA 络合容量法测定，应按下列步骤进行：

1 硫酸根（SO_4^{2-}）含量的估测：取浸出液 5mL 于试管中，加入 1：1 盐酸 2 滴，再加 5% 氯化钡溶液 5 滴，摇匀，按表 23.6.4 估测硫酸根含量。当硫酸盐含量小于 50mg/L 时，应采用比浊法，按本方法第 23.7 节进行操作。

表 23.6.4 硫酸根估测方法选择与试剂用量表

加氯化钡后溶液混浊情况	SO_4^{2-} 含量（mg/L）	测定方法	吸取土浸出液（mL）	钡镁混合剂用量（mL）
数分钟后微混浊	＜10	比浊法	—	—
立即呈生混浊	25～50	比浊法	—	—
立即混浊	50～100	EDTA	25	4～5
立即沉淀	100～200	EDTA	25	8
立即大量沉淀	＞200	EDTA	10	10～12

2 按表 23.6.4 估测硫酸根含量，吸取一定量试样浸出液于锥形瓶中，用适量纯水稀释后，投入刚果红试纸一片，滴加（1：4）盐酸溶液至试纸呈蓝色，再过量 2 滴～3 滴，加热煮沸，趁热由滴

定管准确滴加过量钡镁合剂，边滴边摇，直到预计的需要量（注意滴入量至少应过量 50%），继续加热微沸 5min，取下冷却静置 2h。然后加氨缓冲溶液 10mL，铬黑 T 少许，95%乙醇 5mL，摇匀，再用 EDTA 标准溶液滴定至试液由红色变为天蓝色为终点，记下用量 V_1(mL)。

3　另取一个锥形瓶加入适量纯水，投刚果红试纸一片，滴加（1:4）盐酸溶液至试纸呈蓝色，再过量 2 滴～3 滴。由滴定管准确加入与本条 2 款步骤等量的钡镁合剂，然后加氨缓冲溶液 10mL，铬黑 T 指示剂少许。95%乙醇 5mL 摇匀。再用 EDTA 标准溶液滴定至由红色变为天蓝色为终点，记下用量 V_2(mL)。

4　再取一个锥形瓶加入与本条 2 款步骤等体积的试样浸出液，然后按本细则 2.10.4 条 1 款的步骤测定同体积浸出液中钙镁对 EDTA 标准溶液的用量 V_3(mL)。

23.6.5　硫酸根含量应按下式计算：

$$b(\mathrm{SO_4^{2-}}) = \frac{(V_3+V_2-V_1)c(\mathrm{EDTA})\dfrac{V_w}{V_s}(1+0.01w)\times 1000}{m_s}$$

（23.6.5-1）

$$\mathrm{SO_4^{2-}} = b(\mathrm{SO_4^{2-}})\times 10^{-3}\times 0.096\times 100(\%) \quad (23.6.5\text{-}2)$$

$$\mathrm{SO_4^{2-}} = b(\mathrm{SO_4^{2-}})\times 96(\mathrm{mg/kg\ 土}) \quad (23.6.5\text{-}3)$$

式中：$b(\mathrm{SO_4^{2-}})$——硫酸根的质量摩尔浓度（mmol/kg 土）；

　　　　$\mathrm{SO_4^{2-}}$——硫酸根的含量（%或 mg/kg 土）；

　　　　V_1——浸出液中钙镁与钡镁合剂对 EDTA 标准溶液的用量（mL）；

　　　　V_2——用同体积钡镁合剂（空白）对 EDTA 标准溶液的用量（mL）；

　　　　V_3——同体积浸出液中钙镁对 EDTA 标准溶液的用量（mL）；

　　　　0.096——硫酸根的摩尔质量（kg/mol）；

c(EDTA)——EDTA 标准溶液浓度(mol/L)。

计算准确至 0.01mmol/kg 土和 0.001％或 1mg/kg 土。平行滴定允许偏差不大于 0.1mL,取算术平均值。

23.6.6 硫酸根测定试验的记录格式见附录 D 表 D-44 的规定。

23.7 易溶盐试验——硫酸根的测定(比浊法)

23.7.1 本试验方法适用于硫酸根含量小于 0.025％(相当于 50mg/L)的土。

23.7.2 比浊法测定所用的主要仪器设备,应符合下列规定:

1 光电比色计或分光光度计。

2 电动磁力搅拌器。

3 量匙容量 0.2cm³~0.3cm³。

4 其他设备:移液管、容量瓶、筛子(0.6~0.85mm)、烘箱、分析天平(最小分度值 0.1mg)。

23.7.3 比浊法测定所用的试剂,应符合下列规定:

1 悬浊液稳定剂:将浓盐酸(HCl)30mL,95％的乙醇 100mL,纯水 300mL,氯化钠(NaCl)25g 混匀的溶液与 50mL 甘油混合均匀。

2 结晶氯化钡(BaCl₂):将氯化钡结晶过筛取粒径在 0.6mm~0.85mm 之间的晶粒。

3 硫酸根标准溶液:称取预先在 105℃～110℃烘干的无水硫酸钠 0.1479g,用纯水通过漏斗冲洗入 1000mL 容量瓶中,溶解后,继续用纯水稀释至 1000mL,此溶液中硫酸根含量为 0.1mg/mL。

23.7.4 比浊法测定,应按下列步骤进行:

1 标准曲线的绘制:用移液管分别吸取硫酸根标准溶液 5、10、20、30、40mL 注入 100mL 容量瓶中,然后均用纯水稀释至刻度,制成硫酸根含量分别为 0.5、1.0、2.0、3.0、4.0mg/100mL 的标准系列。再分别移入烧杯中,各加悬浊液稳定剂 5.0mL 和一量匙的氯化钡结晶,置于磁力搅拌器上搅拌 1min。以纯水为参比,在光电比色计上用紫色滤光片(如用分光光度计,则用 400~450mm 的波长)进行比浊,在 3min 内每隔 30s 测读一次悬浊液吸光值,取稳定后的吸光值。再以硫酸根含量为纵坐标,相对应的吸光值为横坐标,在坐标纸上绘制关系曲线,即得标准曲线。

    2 硫酸根含量的测定:用移液管吸取试样浸出液 100mL(硫酸根含量大于 4mg/mL 时,应取少量浸出液并用纯水稀释至 100mL)置于烧杯中,然后按本条 1 款的标准系列溶液加悬浊液稳定剂等一系列步骤进行操作,以同一试样浸出液为参比,测定悬浊液的吸光值,取稳定后的读数,由标准曲线查得相应硫酸根的含量(mg/100mL)。

    23.7.5 硫酸根含量按下式计算:

$$SO_4^{2-} = \frac{m(SO_4^{2-})\dfrac{V_w}{V_s}(1+0.01w)\times 100}{m_s \times 10^3}(\%)$$

$$(23.7.5-1)$$

$$或\ SO_4^{2-} = (SO_4^{2-}\%)\times 10^6 (mg/kg\ 土) \qquad (23.7.5-2)$$

$$b(SO_4^{2-}) = (SO_4^{2-}\%/0.096)\times 1000 \qquad (23.7.5-3)$$

式中:$b(SO_4^{2-})$——硫酸根的质量摩尔浓度(mmol/kg 土);

        SO_4^{2-}——硫酸根的含量(%或 mg/kg 土);

        $m(SO_4^{2-})$——由标准曲线查得含量(mg);

        $SO_4^{2-}\%$——硫酸根含量以小数计;

        0.096——硫酸根的摩尔质量(kg/mol)。

计算准确至 0.01mmol/kg 土和 0.001%或 1mg/kg 土。

    23.7.6 硫酸根的测定试验的记录格式见附录 D 表 D-45 的规定。

23.8 易溶盐试验——硫酸根的测定(重量法)

23.8.1 本方法适用于硫酸盐含量在 0.005%~2.5%的土。

23.8.2 主要设备

1 烘箱:带恒温控制器。

2 高温炉:带高温控制器。

3 实验室常用仪器、设备。

23.8.3 主要试剂

1 (1+1)、(1+99)盐酸溶液。

2 10%氯化钡溶液。

3 0.1%甲基红指示剂:

称取 0.1g 甲基红溶于适量水中,用水稀释至 100mL,混匀。

4 5%硝酸银溶液:

称取 5.0g 硝酸银溶于 80mL 水,加 0.1mL 浓硝酸,用水稀释至 100mL,贮存于棕色玻璃瓶,避光可长期保存。

5 (1+1)氨水:

量取 50mL 浓氨水,缓缓倾入适量水中,用水稀释至 100mL,混匀。

23.8.4 分析步骤:

1 吸取适量制备液于 500mL 烧杯中,加入 2 滴~3 滴 0.1%甲基红指示剂。用(1+1)盐酸或氨水溶液调至试液呈橙黄色,再加 2mL 盐酸,加热煮沸 5min,在不断搅拌下逐滴加入热的 10%氯化钡溶液 10mL~15mL,直到不再出现沉淀,再过量 2mL,继续煮沸 2min,置水浴锅内在 80℃~90℃下保持 2h,或在室温下放置 12h 以上。

2 用慢速定量滤纸过滤,先用(1+99)盐酸溶液洗涤沉淀,再用热水洗涤沉淀,用 5%的硝酸银溶液检验无氯根。

3 将沉淀和滤纸置于事先在 800℃灼烧至恒量的瓷坩埚内烘干,仔细灰化滤纸后移入高温炉,在 800℃灼烧 1h 以上,稍冷后移入干燥器,冷却至室温称量,反复灼烧直至恒量。

4 灼烧后的沉淀应为白色,如呈绿色应加入(1+3)硫酸溶液徐徐加热,使过剩硫酸变成白烟逸尽,坩埚加盖置于高温炉中以 800℃ 灼烧 1h,移入干燥器冷却至室温称量,反复灼烧直至恒量。

23.8.5 计算:

$$SO_4^{2-} = \frac{(m_1 - m_2)\dfrac{V_w}{V_s} \times 0.4116 \times 1000}{m_s \times 10^3} (\%)(23.8.5\text{-}1)$$

$$SO_4^{2-} = (SO_4^{2-}\%) \times 10^6 (\text{mg/kg} \pm) \qquad (23.8.5\text{-}2)$$

$$b(SO_4^{2-}) = (SO_4^{2-}\%/0.096) \times 1000 \qquad (23.8.5\text{-}3)$$

式中:m_1——灼烧至恒量的沉淀与坩埚的质量(mg);

m_2——灼烧至恒量的坩埚质量(mg);

V_s——试样体积(mL);

V_w——浸出液体积(mL);

0.4116——硫酸钡换算成硫酸根的因子。

23.8.6 硫酸根的测定试验的记录格式见附录 D 表 D-46 的规定。

23.9 易溶盐试验——钙离子的测定

23.9.1 本试验方法适用于各类土。

23.9.2 钙离子测定所用的主要仪器设备,应符合下列规定:

1 酸式滴定管:容量 25mL,最小分度值 0.1mL。

2 其他设备:移液管、锥形瓶、量杯、天平、研钵等。

23.9.3 钙离子测定所用的试剂,应符合下列规定:

1 2mol/L 氢氧化钠溶液:称取 8g 氢氧化钠溶于 100mL 纯水中。

2 钙指示剂:称取 0.5g 钙指示剂与 50g 预先烘焙的氯化钠

一起置于研钵中研细混合均匀,贮于棕色瓶中,保存于干燥器内。

3 EDTA 标准溶液。

4 1∶4 盐酸溶液。

5 刚果红试纸。

6 95％乙醇溶液。

23.9.4 钙离子测定,应按下列步骤进行:

1 用移液管吸取试样浸出液 25mL 于锥形瓶中,投刚果红试纸一片,滴加(1∶4)盐酸溶液至试纸变为蓝色,煮沸除去二氧化碳(当浸出液中碳酸根和重碳酸根含量很少时,可省去此步骤)。

2 冷却后,加入 2mol/L 氢氧化钠溶液 2mL(控制 pH≈12)摇匀。放置 1min～2min 后,加钙指示剂少许,95％乙醇 5mL,用 EDTA 标准溶液滴定至试液由红色变为浅蓝色为终点。记下 EDTA 标准溶液用量,估读至 0.05mL。

23.9.5 钙离子含量按下式计算:

$$b(Ca^{2+}) = \frac{V(EDTA)c(EDTA)\frac{V_w}{V_s}(1+0.01w) \times 1000}{m_s}$$

$$(23.9.5\text{-}1)$$

$$Ca^{2+} = b(Ca^{2+}) \times 10^{-3} \times 0.040 \times 100(\%) \quad (23.9.5\text{-}2)$$

$$\text{或 } Ca^{2+} = b(Ca^{2+}) \times 40(mg/kg \text{ 土}) \quad (23.9.5\text{-}3)$$

式中:$b(Ca^{2+})$——钙离子的质量摩尔浓度(mmol/kg 土);

Ca^{2+}——钙离子的含量(％或 mg/kg 土);

$c(EDTA)$——EDTA 标准溶液浓度(mol/L);

$V(EDTA)$——EDTA 标准溶液用量(mL);

0.040——钙离子的摩尔质量(kg/mol)。

计算准确至 0.01mmol/kg 土和 0.001％或 1mg/kg 土。需平行滴定,滴定偏差不应大于 0.1mL,取算术平均值。

23.9.6 钙离子测定试验的记录格式见附录 D 表 D-47 的规定。

23.10 易溶盐试验——镁离子的测定

23.10.1 本试验方法适用于各类土。

23.10.2 镁离子测定所用的主要仪器设备,应符合本细则钙离子测定所需用的仪器要求。

23.10.3 镁离子测定所用试剂,应符合本方法钙离子测定所需用的试剂要求。

23.10.4 镁离子的测定,应按下列步骤进行:

1 用移液管吸取试样浸出液 25mL 于锥形瓶中,加入氨缓冲溶液 5mL,摇匀后加入铬黑 T 指示剂少许,95％乙醇 5mL,充分摇匀,用 EDTA 标准溶液滴定至试液由红色变为亮蓝色为终点,记下 EDTA 标准溶液用量,精确至 0.05mL。

2 用移液管吸取与本条 1 款等体积的试样浸出液,按照本细则第 23.9.4 条的试验步骤操作,滴定钙离子对 EDTA 标准溶液用量。

23.10.5 镁离子含量按下列公式计算:

$$b(\mathrm{Mg}^{2+}) = \frac{(V_2 - V_1)c(\mathrm{EDTA})\dfrac{V_w}{V_s}(1 + 0.01w) \times 1000}{m_s}$$

$$(23.10.5\text{-}1)$$

$$\mathrm{Mg}^{2+} = b(\mathrm{Mg}^{2+}) \times 10^{-3} \times 0.024 \times 100(\%) \quad (23.10.5\text{-}2)$$

$$或\ \mathrm{Mg}^{2+} = b(\mathrm{Mg}^{2+}) \times 24(\mathrm{mg/kg}\ 土) \quad (23.10.5\text{-}3)$$

式中:$b(\mathrm{Mg}^{2+})$——镁离子的质量摩尔浓度(mmol/kg 土);

$\quad\quad \mathrm{Mg}^{2+}$——镁离子的含量(％或 mg/kg 土);

$\quad\quad V_2$——钙镁离子对 EDTA 标准溶液的用量(mL);

$\quad\quad V_1$——钙离子对 EDTA 标准溶液的用量(mL);

$\quad\quad c(\mathrm{EDTA})$——EDTA 标准溶液浓度(mol/L);

0.024——镁离子的摩尔质量(kg/mol)。

计算准确至 0.01mmol/kg 土和 0.001％或 1mg/kg 土。需平行滴定,滴定偏差不应大于 0.1mL,取算术平均值。

23.10.6 镁离子测定试验的记录格式见附录 D 表 D-47 的规定。

23.11 易溶盐试验——钙离子和镁离子的原子吸收分光光度测定

23.11.1 本试验方法适用于各类土。

23.11.2 钙、镁离子的原子吸收分光光度测定所用的主要仪器设备,应符合下列规定:

1 原子吸收分光光度计:附有元素灯和空气与乙炔燃气等设备以及仪器操作使用说明书。

2 分析天平:称量 200g,最小分度值 0.0001g。

3 其他设备:烘箱、1L 容量瓶、50mL 容量瓶、移液管、烧杯。

23.11.3 钙、镁离子原子吸收分光光度测定所用试剂,应符合下列规定:

1 钙离子标准溶液:称取预先在 105℃～110℃烘干的分析纯碳酸钙 0.2497g 于烧杯中,加入少量稀盐酸至完全溶解,然后移入 1L 容量瓶中,用纯水冲洗烧杯并稀释至刻度,贮于塑料瓶中。此液浓度 $\rho(Ca^{2+})$ 为 100mg/L。

2 镁离子标准溶液:称取光谱纯金属镁 0.1000g 置于烧杯中,加入稀盐酸至完全溶解,然后用纯水冲洗入 1L 容量瓶中并继续稀释至刻度,贮于塑料瓶中。此液浓度 $\rho(Mg^{2+})$ 为 100mg/L。

3 5％氯化镧溶液:称取光谱纯的氯化镧($LaCl_3 \cdot 7H_2O$)13.4g 溶于 100mL 纯水中。

23.11.4 钙、镁离子原子吸收分光光度测定,应按下列步骤进行:

1 绘制标准曲线。

1）配制标准系列：取 50mL 容量瓶 6 个，准确加入 $\rho(Ca^{2+})$ 为 100mg/L 的标准溶液 0、1、3、5、7、10mL（相当于 0～20mg/LCa^{2+}）和 $\rho(Mg^{2+})$ 为 100mg/L 的标准溶液 0、0.5、1、2、3、5mL（相当于 0～10mg/LMg^{2+}），再各加入 5％氯化镧溶液 5mL，最后用纯水稀释至刻度。

2）绘制标准曲线：分别选用钙和镁的空心阴极灯，波长钙离子（Ca^{2+}）为 422.7nm，镁离子（Mg^{2+}）为 285.2nm，以空气—乙炔燃气等为工作条件，按原子吸收分光光度计的使用说明书操作，分别测定钙和镁的吸收值。然后以吸收值为纵坐标，相应浓度为横坐标分别绘制钙、镁的标准曲线。

2 试样测定：用移液管吸取一定量的试样浸出液（钙浓度小于 20mg/L，镁浓度小于 10mg/L）于 50mL 容量瓶中，加入 5％氯化镧溶液 5mL，用纯水稀释至 50mL。然后同本条 1 款标准曲线绘制的工作条件，按原子吸收分光光度计使用说明书操作，分别测定钙和镁的吸收值，并用测得的钙、镁吸收值，从标准曲线查得相应的钙、镁离子浓度。

23.11.5 钙、镁离子含量按下列公式计算：

$$Ca^{2+} = \frac{\rho(Ca^{2+})V_c\dfrac{V_w}{V_s}(1+0.01w)\times 100}{m_s\times 10^3}(\%)$$

$$(23.11.5-1)$$

$$或 \quad Ca^{2+} = (Ca^{2+}\%)\times 10^6 (mg/kg 土) \qquad (23.11.5-2)$$

$$Mg^{2+} = \frac{\rho(Mg^{2+})V_c\dfrac{V_w}{V_s}(1+0.01w)\times 100}{m_s\times 10^3}$$

$$(23.11.5-3)$$

$$或 \quad Mg^{2+} = (Mg^{2+}\%)\times 10^6 (mg/kg 土) \qquad (23.11.5-4)$$

$$b(Ca^{2+}) = (Ca^{2+}\%/0.040)\times 1000 \qquad (23.11.5-5)$$

$$b(Mg^{2+}) = (Mg^{2+}\%/0.024)\times 1000 \qquad (23.11.5-6)$$

式中：$\rho(Ca^{2+})$——由标准曲线查得钙离子浓度（mg/L）；

$\rho(Mg^{2+})$——由标准曲线查得镁离子浓度（mg/L）；

V_c——测定溶液定容体积($=0.05L$）；

10^3——将毫克换算成克。

计算准确至 0.01mmol/kg 土和 0.001% 或 1mg/kg 土。

23.11.6 钙、镁离子测定试验的记录格式见附录 D 表 D-48 的规定。

23.12 易溶盐试验——钠离子和钾离子的测定

23.12.1 本试验方法适用于各类土。

23.12.2 钠离子和钾离子测定所用的主要仪器设备，应符合下列规定：

1 火焰光度计及其附属设备。

2 天平：称量 $200g$，最小分度值 $0.000\,1g$。

3 其他设备：高温炉、烘箱、移液管、1L 容量瓶、50mL 容量瓶、烧杯等。

23.12.3 钠离子和钾离子测定所用的试剂，应符合下列规定：

1 钠（Na^+）标准溶液：称取预先于 550℃灼烧过的氯化钠（$NaCl$）0.2542g，在少量纯水中溶解后，冲洗入 1L 容量瓶中，继续用纯水稀释至 1000mL，贮于塑料瓶中。此溶液含钠离子（Na^+）为 0.1mg/mL（100mg/L）。

2 钾（K^+）标准溶液：称取预先于 105℃～110℃烘干的氯化钾（KCl）0.1907g，在少量纯水中溶解后，冲洗入 1L 容量瓶中，继续用水稀释至 1000mL，贮于塑料瓶中。此溶液含钾离子（K^+）为 0.1mg/mL（100mg/L）。

23.12.4 钠离子和钾离子的测定，应按下列步骤进行：

1 绘制标准曲线：

1）配制标准系列：取 50mL 容量瓶 6 个，准确加入钠（Na^+）标准溶液和钾（K^+）标准溶液各为 0、1、5、10、15、25mL，然后各用纯水稀释至 50mL，此系列相应浓度范围为 $\rho(Na^+)0\text{mg/L}\sim$

$50mg/L$，$\rho(K^+)0mg/L\sim50mg/L$。

2）按照火焰光度计使用说明书操作，分别用钠滤光片和钾滤光片，逐个测定其吸收值。然后分别以吸收值为纵坐标，相应钠离子（Na^+）、钾离子（K^+）浓度为横坐标，分别绘制钠（Na^+）、钾（K^+）的标准曲线。

2 试样测定：用移液管吸取一定量试样浸出液（以不超出标准曲线浓度范围为准）于 50mL 容量瓶中，用纯水稀释至 50mL，然后同本条 1 款绘制标准曲线的工作条件，按火焰光度计使用说明书操作，分别用钠滤光片和钾滤光片测定其吸收值。并用测得的钠、钾吸收值，从标准曲线查得或由回归方程求得相应的钠、钾离子浓度。

23. 12. 5 钠离子和钾离子应按下列公式计算：

$$Na^+=\frac{\rho(Na^+)V_c\dfrac{V_w}{V_s}(1+0.01w)\times100}{m_s\times10^3}(\%)$$

$$(23.12.5\text{-}1)$$

$$或\ Na^+=(Na^+\%)\times10^6(mg/kg\ 土) \qquad (23.12.5\text{-}2)$$

$$K^+=\frac{\rho(K^+)V_c\dfrac{V_w}{V_s}(1+0.01w)\times100}{m_s\times10^3}(\%) \quad (23.12.5\text{-}3)$$

$$或\ K^+=(K^+\%)\times10^6(mg/kg\ 土) \qquad (23.12.5\text{-}4)$$

$$b(Na^+)=(Na^+\%/0.023)\times1000 \qquad (23.12.5\text{-}5)$$

$$b(K^+)=(K^+\%/0.039)\times1000 \qquad (23.12.5\text{-}6)$$

式中：Na^+、K^+——分别为试样中钠、钾的含量（% 或 mg/kg 土）；

$b(Na^+)$、$b(K^+)$——分别为试样中钠、钾的质量摩尔浓度（mmol/kg 土）；

0.023、0.039——分别为 Na^+ 和 K^+ 的摩尔质量 kg/mol。

23. 12. 6 钠离子和钾离子测定试验的记录格式见附录 D 表 D-49 的规定。

23.13 中溶盐(石膏)试验

23.13.1 本试验方法适用于含石膏较多的土类。本试验规定采用酸浸提—质量法。

23.13.2 本试验所用的主要仪器设备,应符合下列规定:

1 分析天平:称量 200g,最小分度值 0.0001g。

2 加热设备:电炉、高温炉。

3 过滤设备:漏斗及架、定量滤纸、洗瓶、玻璃棒。

4 制样设备:瓷盘、0.5mm 筛子、玛瑙研钵及杵。

5 其他设备:烧杯、瓷坩埚、干燥器、坩埚钳、试管、量筒、水浴锅、石棉网、烘箱。

23.13.3 本试验所用试剂,应符合下列规定:

1 0.25mol/L c(HCl)溶液:量取浓盐酸 20.8mL,用纯水稀释至 1000mL。

2 (1:1)盐酸溶液:取 1 份浓盐酸与 1 份纯水相互混合均匀。

3 10%氢氧化铵溶液:量取浓氨水 31mL,用纯水稀释至 100mL。

4 10%氯化钡($BaCl_2$)溶液:称取 10g 氯化钡溶于少量纯水中,稀释至 100mL。

5 1%硝酸银($AgNO_3$)溶液:溶解 0.5g 硝酸银于 50mL 纯水中,再加数滴浓硝酸酸化,贮于棕色滴瓶中。

6 甲基橙指示剂:称取 0.1g 甲基橙溶于 100mL 水中,贮于滴瓶中。

23.13.4 中溶盐试验,应按下列步骤进行:

1 试样制备:将潮湿试样捏碎摊开于瓷盘中,除去试样中杂物(如植物根茎叶等),置于阴凉通风处晾干,然后用四分法选取试样约 100g,置于玛瑙研钵中研磨,使其全部通过 0.5mm 筛(不得弃去或散失)备用。

2　称取已制备好的风干试样 1g～5g(视其含量而定),准确至 0.0001g,放入 200mL 烧杯中,缓慢地加入 0.25mol/Lc(HCl)50mL 边加边搅拌。如试样含有大量碳酸盐,应继续加此盐酸至无气泡产生为止,放置过夜。另取此风干试样约 5g,准确至 0.01g,测定其含水率。

3　过滤,沉淀用 0.25mol/L c(HCl)淋洗至最后滤液中无硫酸根离子为止(取最后滤液溶于试管中,加少许氯化钡溶液,应无白色浑浊),即得酸浸提液(滤液)。

4　收集滤液于烧杯中,将其浓缩至约 150mL。冷却后,加甲基橙指示剂,用 10%氢氧化铵溶液中和至溶液呈黄色为止,再用(1:1)盐酸溶液调至红色后,多加 10 滴,加热煮沸,在搅拌下趁热、缓慢滴加 10%氯化钡溶液,直至溶液中硫酸根离子沉淀完全,并少有过量为止(让溶液静置澄清后,沿杯壁滴加氯化钡溶液,如无白色浑浊生成,表示已沉淀完全)。置于水浴锅上,在 60℃保持 2h。

5　用致密定量滤纸过滤,并用热的纯水洗涤沉淀,直到最后洗液无氯离子为止(用 1%硝酸银检验,应无白色浑浊)。

6　用滤纸包好洗净的沉淀,放入预先已在 600℃灼烧至恒量的瓷坩埚中,置于电炉上灰化滤纸(不得出现明火燃烧)。然后移入高温炉中,控制在 600℃灼烧 1h,取出放于石棉网上稍冷,再放入干燥器中冷却至室温,用分析天平称量,准确至 0.0001g。再将其放入高温炉中控制 600℃灼烧 30min,取出冷却,称量。如此反复操作至恒量为止。

7　另取 1 份试样按本细则第 23.6 节或 23.7 节测定易溶盐中的硫酸根离子,并求水浸出液中硫酸根含量 $W(SO_4^{2-})_w$。

23.13.5　中溶盐(石膏)含量,应按下式计算:

$$W(SO_4^{2-})_b = \frac{(m_2 - m_1) \times 0.4114 \times (1 + 0.01w) \times 100}{m_s}$$

$$(23.13.5\text{-}1)$$

$$CaSO_4 \cdot 2H_2O = [W(SO_4^{2-})_b - W(SO_4^{2-})_w] \times 1.7992$$

$$(23.13.5-2)$$

式中：$CaSO_4 \cdot 2H_2O$——中溶盐（石膏）含量（%）；

$W(SO_4^{2-})_b$——酸浸出液中硫酸根的含量（%）；

$W(SO_4^{2-})_w$——水浸出液中硫酸根的含量（%）；

m_1——坩锅的质量（g）；

m_2——坩埚加沉淀物质量（g）；

m_s——风干试样质量（g）；

w——风干试样含水率（%）；

0.4114——由硫酸钡换算成硫酸根 $SO_4^{2-}/BaSO_4$ 的因数；

1.7922——由硫酸根换算成硫酸钙（石膏）$CaSO_4 \cdot 2H_2O/SO_4^{2-}$ 的因数。

计算至 0.01%。

23.13.6 中溶盐（石膏）测定试验的记录格式见附录 D 表 D-50 的规定。

23.14 难溶盐（碳酸钙）试验

23.14.1 本试验方法适用于碳酸盐含量较低的各类土，采用气量法。

23.14.2 本试验所用的主要仪器设备，应符合下列规定：

1 二氧化碳约测计：如图 23.14.2。

2 天平：称量 200g，最小分度值 0.01g。

3 制样设备：同本细则第 23.13.2 条 4 款。

4 其他设备：烘箱、坩埚钳、长柄瓶夹、气压计、温度计、干燥器等。

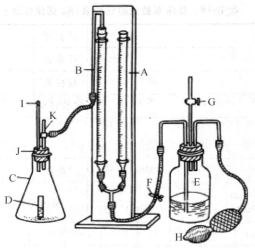

图 23.14.2 二氧化碳约测计

A、B—量管;C—三角瓶;D—试管;E—广口瓶;F—夹子;G—活塞;H—打气球;I—温度计;J—橡皮塞;K—活塞

23.14.3 本试验所用试剂,应符合下列规定:

1 (1:3)盐酸溶液:取 1 份盐酸加 3 份纯水即得。

2 0.1%甲基红溶液:溶解 0.1g 甲基红于 100mL 纯水中。

23.14.4 难溶盐试验,应按下列步骤进行:

1 试样制备:

将潮湿试样捏碎摊开于瓷盘中,除去试样中杂物(如植物根茎叶等),置于阴凉通风处晾干,然后用四分法选取试样约 100g,置于玛瑙研钵中研磨,使其全部通过 0.5mm 筛(不得弃去或散失)备用。

2 安装好二氧化碳约测计,将加有微量盐酸和 0.1%甲基红溶液的红色水溶液注入量管中至移动管和二量管三管水面齐平,同处于量管零刻度处。

3 称取预先在 105℃～110℃烘干的试样 1g～5g(视碳酸钙含量而定),准确至 0.01g。放入约测计的广口瓶中,再对瓷坩埚注入适量(1:3)盐酸溶液,小心地移入广口瓶中放稳,盖紧广口瓶塞,打开阀门,上下移动移动管,使移动管和二量管三管水面齐平。

4 继续将移动管下移,观察量管的右管水面是否平稳,如果水面下降很快,表示漏气,应仔细检查各接头并用热石蜡密封直至不漏气为止。

5 三管水面齐平后,关闭阀门,记下量管的右管起始水位读数。

6 用长柄瓶夹夹住广口瓶颈部,轻轻摇动,使瓷坩埚中盐酸溶液倾出与瓶中试样充分反应。当量管的右管水面受到二氧化碳气体压力而下降时,打开阀门,使量管的左右管水面保持同一水平,静置 10min,至量管的右管水面稳定(说明已反应完全),再移动移动管使三管水面齐平,记下量管的右管最终水位读数,同时记下试验时的水温和大气压力。

7 重复本条 2~6 款的步骤进行空白试验。并从试样产生的二氧化碳体积中减去空白试验值。

23.14.5 难溶盐(碳酸钙)含量应按下式计算:

1 按下式计算碳酸钙含量。

$$CaCO_3 = \frac{V(CO_2)\rho(CO_2) \times 2.272}{m_d \times 10^6} \times 100 \quad (23.14.5-1)$$

式中:$CaCO_3$——难溶盐(碳酸钙)含量(%);

$V(CO_2)$——二氧化碳体积(mL);

$\rho(CO_2)$——在试验时的水温和大气压力下二氧化碳密度($\mu g/mL$),由表 23.14.5 查得;

2.272——由二氧化碳换算成碳酸钙($CaCO_3/CO_2$)的因数;

m_d——试样干质量(g);

10^6——将微克换算成克数。

表23.14.5 不同温度和大气压力下 CO_2 密度(μg/mL)

气压(kPa) \ 水温(℃)	98.925	99.258	99.591	99.858	100.125	100.458	100.791	101.059	101.325	101.658	101.991	102.258	102.525	102.791	103.191
28	1778	1784	1791	1797	1804	1810	1817	1823	1828	1833	1837	1842	1847	1852	1856
27	1784	1790	1797	1803	1810	1816	1823	1829	1834	1839	1843	1848	1853	1858	1863
26	1791	1797	1803	1809	1816	1822	1829	1835	1840	1845	1849	1854	1859	1864	1869
25	1797	1803	1810	1816	1823	1829	1836	1842	1847	1852	1856	1861	1866	1871	1876
24	1803	1809	1816	1822	1829	1835	1842	1848	1853	1858	1862	1867	1872	1877	1882
23	1809	1815	1822	1828	1835	1841	1848	1854	1859	1864	1868	1873	1878	1883	1888
22	1815	1821	1828	1834	1841	1847	1854	1860	1865	1870	1875	1880	1885	1890	1895
21	1822	1828	1835	1841	1848	1854	1861	1867	1872	1877	1882	1887	1892	1897	1902
20	1828	1834	1841	1847	1854	1860	1867	1873	1878	1883	1888	1893	1898	1903	1908
19	1834	1840	1847	1853	1860	1866	1873	1879	1884	1889	1894	1899	1904	1909	1914
18	1840	1846	1853	1859	1866	1872	1879	1885	1890	1895	1900	1905	1910	1915	1920
17	1846	1853	1860	1866	1873	1879	1886	1892	1897	1902	1907	1912	1917	1922	1927
16	1853	1860	1866	1873	1879	1886	1892	1898	1903	1908	1913	1918	1923	1928	1933
15	1859	1866	1872	1879	1886	1892	1899	1905	1910	1915	1920	1925	1930	1935	1940
14	1865	1872	1878	1885	1892	1899	1906	1912	1917	1922	1927	1932	1937	1942	1947
13	1872	1878	1885	1892	1899	1906	1912	1919	1924	1929	1934	1939	1944	1949	1954
12	1878	1885	1892	1899	1906	1912	1919	1925	1930	1935	1940	1945	1950	1955	1960
11	1885	1892	1899	1906	1913	1919	1926	1932	1937	1942	1947	1952	1957	1962	1967
10	1892	1899	1906	1913	1919	1926	1933	1939	1944	1949	1954	1959	1964	1969	1974

2 当水温和大气压力在表 23.14.5 的范围之外时,按下式计算碳酸钙含量。

$$CaCO_3 = \frac{M(CaCO_3)n(CO_2) \times 100}{m_d} \qquad (23.14.5\text{-}2)$$

$$n(CO_2) = \frac{P \times V(CO_2)}{RT}$$

式中:$M(CaCO_3)$——碳酸钙摩尔质量($100g/mol$);

$\quad n(CO_2)$——二氧化碳物质的量(mol);

$\quad P$——试验时大气压力(kPa);

$\quad T$——试验时水温($=273+℃$)K;

$\quad R$——摩尔气体常数$=8314 kPa\ mL/(mol \cdot K)$。

计算准确至 0.1%。

23.14.6 难溶盐(石膏)测定试验的记录格式见附录 D 表 D-51 的规定。

附录 A 土工试验成果的整理与试验报告

A.0.1 为使试验资料可靠和适用，应进行正确的数据分析和整理。整理时对试验资料中明显不合理的数据，应通过研究，分析原因（试样是否具有代表性、试验过程中是否出现异常情况等），或在有条件时，进行一定的补充试验后，可决定对可疑数据的取舍或改正。

A.0.2 舍弃试验数据时，应根据误差分析或概率的概念，按三倍标准差（即 $\pm 3s$）作为舍弃标准，即在资料分析中应该舍弃那些在 $\bar{x} \pm 3s$ 范围以外的测定值，然后重新计算整理。

A.0.3 土工试验测得的土性指标，可按其在工程设计中的实际作用分为一般特性指标和主要计算指标。前者如土的天然密度、天然含水率、土粒比重、颗粒组成、液限、塑限、有机质、水溶盐等，系指作为对土分类定名和阐明其物理化学特性的土性指标；后者如土的黏聚力、内摩擦角、压缩系数、变形模量、渗透系数等，系指在设计计算中直接用以确定土体的强度、变形和稳定性等力学性的土性指标。

A.0.4 对一般特性指标的成果整理，通常可采用多次测定值 x_i 的算术平均值 $\bar{x}$，并计算出相应的标准差 s 和变异系数 c_v 以反映实际测定值对算术平均值的变化程度，从而判别其采用算术平均值时的可靠性。

1 算术平均值 $\bar{x}$ 应按下式计算：

$$\bar{x} = \frac{1}{n} \sum_{i=1}^{n} x_i \tag{A.0.4-1}$$

式中：$\sum_{i=1}^{n} x_i$ ——指标测定值的总和；

n——指标测定的总次数。

2 标准差 s 应按下式计算：

$$s = \sqrt{\frac{1}{n-1}\sum_{i=1}^{n} x_i (x_i - \overline{x})^2} \qquad (A.0.4\text{-}2)$$

3 变异系数 c_v 应按下式计算，并按表 A.0.4 评价变异性。

$$c_v = \frac{s}{\overline{x}} \qquad (A.0.4\text{-}3)$$

表 A.0.4　变异性评价

变异系数	$c_v < 0.1$	$0.1 \leqslant c_v < 0.2$	$0.2 \leqslant c_v < 0.3$	$0.3 \leqslant c_v < 0.4$	$c_v \geqslant 0.4$
变异性	很小	小	中等	大	很大

A.0.5　对于主要计算指标的成果整理，如果测定的组数较多，此时指标的最佳值接近于诸测值的算术平均值，仍可按一般特性指标的方法确定其设计计算值，即采用算术平均值。但通常由于试验的数据较少，考虑到测定误差、土体本身不均匀性和施工质量的影响等，为安全考虑，对初步设计和次要建筑物宜采用标准差平均值，即对算术平均值加或减一个标准差的绝对值 $(\overline{x} \pm |s|)$。

A.0.6　对不同应力条件下测得的某种指标（如抗剪强度等）应经过综合整理求取。在有些情况下，尚需求出不同土体单元综合使用时的计算指标。这种综合性的土性指标，一般采用图解法或最小二乘方分析法确定。

1　图解法：将不同应力条件下测得的指标值（如抗剪强度）求得算术平均值，然后以不同应力为横坐标，指标平均值为纵坐标作图，并求得关系曲线，确定其参数（如土的黏聚力 c 和角摩擦系数 $\text{tg}\varphi$）。

2　最小二乘方分析法：根据各测定值同关系曲线的偏差的平方和为最小的原理求取参数值。

3　当设计计算几个土体单元土性参数的综合值时，可按土体单元在设计计算中的实际影响，采用加权平均值，即：

$$\bar{x} = \frac{\sum \omega_i x_i}{\sum \omega_i} \qquad (A.0.6)$$

式中：x_i——不同土体单元的计算指标；

ω_i——不同土体单元的对应权。

A.0.7 试验报告的编写和审核应符合下列要求：

1 试验报告所依据的试验数据，应进行整理、检查、分析，经确定无误后方可采用。

2 试验报告所需提供的依据，一般应包括根据不同建筑物的设计和施工的具体要求所拟试验的全部土性指标。

3 试验报告中应采用国家颁布的法定计量单位。

4 提出使用的试验报告，必须经过审核手续，建立必要的责任制度。

附录 B　细则用词说明

1　为便于在执行本细则条文时区别对待,对于要求严格程度不同的用词说明如下:

1)表示很严格,非这样做不可的用词:

正面词采用"必须",反面词采用"严禁";

2)表示严格,在正常情况均应这样做的用词:

正面词采用"应",反面词采用"不应"或"不得";

3)表示允许稍有选择,在条件许可时首先应这样做的用词:

正面词采用"宜",反面词采用"不宜";

4)表示有选择,在一定条件下可以这样做的用词,采用"可"。

2　条文中指定应按其他标准、规范执行时,写法为:"应符合……的规定"或"应按……执行"。非必须按所指定的标准、规范或其他规定执行时,写法为"可参照……"。

附录 C 土样的要求与管理

C.0.1 采样数量应满足要求进行的试验项目和试验方法的需要,采样的数量按表 3.0.6 规定采取,并应附取土记录及土样现场描述。

C.0.2 土样的验收和管理

1 土样送达试验单位,必须附送样单及试验委托书或其他有关资料。送样单应有原始记录和编号。内容应包括工程名称、试坑或钻孔编号、高程、取土深度、取样日期。如原状土应有地下水位高程、土样现场鉴别和描述及定义、取土方法等。试验委托书应包括工程名称、工程项目、试验目的、试验项目、试验方法及要求。例如原状土进行力学性试验时,试样是在天然含水率状态下还是在饱和状态下进行,剪切试验的仪器(三轴或直剪);剪切试验方法(快剪、固快、不固结不排水、固结不排水等);剪切和固结的最大荷重;渗透系数是垂直还是水平方向,求哪一级荷重或某一个干密度(孔隙比)下的固结系数或湿陷渗透系数。扰动土样的力学性试验要提出初步设计干密度和施工现场可能达到的平均含水率。

2 试验单位接到土样后,应按试验委托书验收。验收中需查明土样数量是否有误,编号是否相符,所送土样是否满足试验项目和试验方法的要求,必要时可抽验土样质量,验收后登记、编号。登记内容应包括:工程名称、委托单位、送样日期、土样室内编号和野外编号、取土地点和取土深度、试验项目的要求以及要求提出成果的日期等。

3 土样送交试验单位验收、登记后,即将土样按顺序妥善存放,应将原状土样和保持天然含水率的扰动土样置于阴凉的地方，尽量防止扰动和水分蒸发；土样从取样之日起至开始试验的时间不应超过 2 周。

4 土样经过试验之后，余土应贮存于适当容器内，并标记工程名称及室内土样编号，妥善保管，以备审核试验成果之用。一般保存到试验报告提出 3 个月以后，委托单位对试验报告未提出任何疑义时，方可处理。

5 处理试验余土时要考虑余土对环境的污染、卫生等要求。

附录 D 各项试验记录表格

表 D-1 含水率试验记录

工程编号					试验者			
试验日期					计算者			
试验说明					校核者			
仪器名称 及编号								

野外编号 室内编号	盒号	盒质量 (g)	盒加湿土质量 (g)	盒加干土质量 (g)	湿土质量 (g)	干土质量 m_d(g)	含水率 w (%)	平均含水率 w(%)

表 D-2　密度试验记录表(环刀法)

工程编号				试验者					
试验日期				计算者					
试验说明				校核者					
仪器名称及编号									
野外编号室内编号	环刀号	环刀质量(g)	环刀容积(cm³)	试样和环刀总质量(g)	试样质量(g)	密度(g/cm³)	平均密度(g/cm³)	平均含水率(%)	平均干密度(g/cm³)

表 D-3　比重试验记录表(比重瓶法)

工程编号				试验者						
试验日期				计算者						
试验说明				校核者						
仪器名称及编号										
野外编号室内编号	比重瓶号	温度(℃)	液体比重 G_{kT}	干土质量 m_d(g)	比重瓶、液总质量 m_{bk}(g)	比重瓶、液、土总质量 m_{bks}(g)	与干土同体积的液体质量(g)	比重 G_s	平均比重 G_s	备注
		(1)	(2)	(3)	(4)	(5)	$(6)=(3)$ $+(4)-(5)$	$(7)=\dfrac{(3)}{(6)}$ $\times(2)$		

注:试验说明中须包含试验环境

表 D-4　比重试验记录表（浮称法）

工程编号		试验者	
试验说明		校核者	

仪器名称及编号	

野外编号室内编号	温度(℃)	水的比重 G_{wT}	烘干土质量 m_d(g)	铁丝筐加试样在水中质量 m_{ks}(g)	铁丝筐在水中质量 m_k(g)	试样在水中质量(g)	比重 G_s	平均比重 G_s	备注
	(1)	(2)	(3)	(4)	(5)	(6)=(4)−(5)	$(7)=\dfrac{(3)\times(2)}{(3)-(6)}$		

表 D-5　比重试验记录表（虹吸筒法）

工程编号		试验者	
试验日期		计算者	
试验说明		校核者	

仪器名称及编号	

野外编号室内编号	温度(℃)	水的比重 G_{wT}	烘干土质量 m_d(g)	晾干土质量 m_{ad}(g)	量筒质量 m_c(g)	量筒加排开水质量 m_{cw}(g)	排开水质量(g)	吸着水质量(g)	比重 G_s	平均比重 G_s	备注
	(1)	(2)	(3)	(4)	(5)	(6)	(7)=(6)−(5)	(8)=(4)−(3)	$(9)=\dfrac{(3)\times(2)}{(7)\times(8)}$		

表 D-6 颗粒大小分析试验记录表(筛析法)

工程编号		试验者	
野外编号		计算者	
室内编号		校核者	
试验说明		试验日期	
仪器名称 及编号			

风干土质量 =＿＿g　小于 0.075mm 的土占总土质量百分数 X =＿＿%
2mm 筛上土质量 =＿＿g　小于 2mm 的土占总土质量百分数 X =＿＿%
2mm 筛下土质量 =＿＿g　细筛分析时所取试样质量 m_B =＿＿g

试验筛编号	孔径(mm)	累积留筛土质量(g)	小于某孔径的试样质量 m_A(g)	小于某孔径的试样质量百分数(%)	小于某孔径的试样质量占试样总质量的百分数 X(%)
底盘总计					

表 D-7 颗粒分析试验记录表(密度计法)

工程编号		试验者	
野外编号		计算者	
室内编号		校核者	
试验说明		试验日期	
仪器名称及编号			

小于 0.075mm 颗粒土质量百分数 ＿＿＿＿＿ 干土总质量 ＿＿＿＿＿ g

风干土质量 ＿＿＿＿＿ g 土粒比重 G_s ＿＿＿＿＿

试样处理说明 ＿＿＿＿＿ 比重校正值 C_s ＿＿＿＿＿ 弯液面校正值 n_w ＿＿＿＿＿

下沉时间 t(min)	悬液温度 T(℃)	密度计读数					土料落距 L_t(cm)	粒径 d(mm)	小于某粒径的土质量百分数(%)	小于某粒径的试样质量占试样总质量的百分数 X(%)
		密度计读数 R_1	温度校正值 m_T	分散剂校正值 C_D	$R_M = R_1 + m_T + n_w - C_D$	$R_H = R_M C_S$				

表 D-8 液塑限联合测定法试验记录表

工程编号		试验者	
试验日期		计算者	
试验说明		校核者	
仪器名称及编号			

野外编号 室内编号	圆锥下沉深度 h(mm)	盒号	湿土质量 m_0(g)	干土质量 m_d(g)	含水率 w(%)	液限 w_L(%)	塑限 w_p(%)	塑性指数 I_p
	—	—	(1)	(2)	$(3) = \left(\dfrac{(1)}{(2)} - 1 \right) \times 100$	(4)	(5)	$(6) = (4) - (5)$

196

表 D-9　滚搓法塑限试验记录表

工程编号		试验者	
试验日期		计算者	
试验说明		校核者	
仪器名称及编号			

野外编号 室内编号	盒号	湿土质量 m(g)	干土质量 m_d(g)	含水率 w_P （％）	塑限 w_P（％）
	—	（1）	（2）	$(3)=\left[\dfrac{(1)}{(2)}-1\right]\times100$	—

表 D-10　常水头渗透试验记录表

工程编号						干土质量(g)				试验者	
野外编号						土粒比重 G_s				计算者	
室内编号						孔隙比 e				校核者	
测压孔间距(cm)						试样说明				试验日期	
试样高度(cm)											
试样面积 A(cm^2)											
仪器名称及编号											

试验次数	经过时间 t(s)	测压管水位(cm)			水位差(cm)			水力坡降 J	渗透水量 Q(cm^3)	渗透系数 k_T (cm/s)	平均水温 T (℃)	校正系数 $\dfrac{\eta_T}{\eta_{20}}$	水温 20℃ 渗透系数 k_{20}(cm/s)	平均渗透系数 k_{20} (cm/s)	备注
		Ⅰ管	Ⅱ管	Ⅲ管	H_1	H_2	平均 H								
	(1)	(2)	(3)	(4)	(5)	(6)	(7)	(8)	(9)	(10)	(11)	(12)	(13)	(14)	
	—	—	—	—	$(2)-(3)$	$(3)-(4)$	$\dfrac{(5)+(6)}{2}$	$\dfrac{(7)}{L}$	—	$\dfrac{(9)}{A\times(8)\times(1)}$	—	—	$(10)\times(12)$	$\dfrac{\sum(13)}{n}$	

表 D-11 变水头渗透试验记录表

工程编号	试样高度(cm)	试样面积(cm²)	试验者
试样编号	测压管断面积 a (cm²)	孔隙比 e	计算者
仪器名称及编号	试样说明	试验日期	校核者

开始时间 t_1 (d h min)	终了时间 t_2 (d h min)	经过时间 t(s)	开始水头 H_{b1} (cm)	终止水头 H_{b2} (cm)	$2.3\dfrac{a}{A}\dfrac{L}{t}$	$\lg\dfrac{H_{b1}}{H_{b2}}$	水温 $T℃$ 时的渗透系数 k_T(cm/s)	水温 T (℃)	校正系数 $\dfrac{\eta_T}{\eta_{20}}$	渗透系数 k_{20} (cm/s)	平均渗透系数 k_{20} (cm/s)
(1)	(2)	(3)	(4)	(5)	(6)	(7)	(8)	(9)	(10)	(11)	(12)
—	—	(2)−(1)	—	—	$2.3\dfrac{a}{A}\dfrac{L}{t}$	$\lg\dfrac{(4)}{(5)}$	(6)×(7)	—	—	(8)×(10)	$\dfrac{\sum(11)}{n}$

表 D-12(1) 标准固结试验记录表(1)

工程编号		试验者	
野外编号		计算者	
室内编号		校核者	
试样说明		试验日期	
仪器名称及编号			

1. 含水率试验

试样情况	盒号	盒加湿土质量(g)	盒加干土质量(g)	盒质量(g)	水质量(g)	干土质量 m_d(g)	含水率 $w(\%)$	平均含水率 w (%)
		(1)	(2)	(3)	(4)	(5)	(6)	(7)
		—	—	—	(1)—(2)	(2)—(3)	$\frac{(4)}{(5)} \times 100$	$\frac{\sum(6)}{2}$
试验前								
试验后								

2. 密度试验

试样情况	环加土质量(g)	环刀质量(g)	湿土质量 m_0(g)	试样体积 $V(\mathrm{cm}^3)$	湿密度 $\rho(\mathrm{g/cm}^3)$
	(1)	(2)	(3)	(4)	(5)
	—	—	(1)—(2)	—	(3)/(4)
试验前					
试验后					

3. 孔隙比及饱和度计算 $G_s =$ _____

试样情况	试验前	试验后
含水率 $w(\%)$		
湿密度 $\rho(\mathrm{g/cm}^3)$		
孔隙比 e		
饱和度 $S_r(\%)$		

工程编号		试验者	
野外编号		计算者	
室内编号		校核者	
仪器名称及编号		试验日期	

经过时间	试样在不同上覆压力下变形							
	（kPa）		（kPa）		（kPa）		（kPa）	
	时间	量表读数（0.01mm）	时间	量表读数（0.01mm）	时间	量表读数（0.01mm）	时间	量表读数（0.01mm）
0								
6″								
15″								
1′								
2′15″								
4′								
6′15″								
9′								
12′15″								
16′								
20′15″								
25′								
30′15″								
36′								
42′15″								
49′								
64′								

经过时间	试样在不同上覆压力下变形							
	（kPa）		（kPa）		（kPa）		（kPa）	
	时间	量表读数（0.01mm）	时间	量表读数（0.01mm）	时间	量表读数（0.01mm）	时间	量表读数（0.01mm）
100′								
200′								
400′								
23 h								
24 h								
总变形量（mm）								
仪器变形量（mm）								
试样总变形量（mm）								

表 D-12(3) 标准固结试验记录表(3)

工程编号		试验者	
野外编号		计算者	
室内编号		校核者	
仪器名称及编号		试验日期	

试样原始高度 $h_0 = 20.0\text{mm}$
试验前孔隙比 $e_0 = $ _____

$$C_v = \frac{0.848(\bar{h})^2}{t_{90}} \text{ 或 } C_v = \frac{0.1978(\bar{h})^2}{t_{50}}$$

加压历时 (h)	压力 p (kPa)	试样总变形量 Δh_i (mm)	压缩后试样高度 h (mm)	孔隙比 e_i	压缩模量 E_s (MPa)	压缩系数 a_v (MPa^{-1})	排水距离 $\bar{h}$ (cm)	固结系数 C_v (cm^2/s)
(1)	(2)	(3)	(4)	(5)	(6)	(7)	(8)	(9)
—	—	—	$(4)=h_0-(3)$	$(5)=e_0-\dfrac{(3)(1+e_0)}{h_0}$	—	—	$(8)=\dfrac{h_i+h_{i+1}}{4}$	
0								
24								
24								
24								
24								
24								
24								
24								
24								
24								

表 D-12(4)　回弹模量试验记录表

工程编号						试验者			
试验日期						计算者			
试验说明						校核者			
仪器名称及编号						试验日期			

野外编号 室内编号	卸荷后孔隙比 e_1	卸荷前孔隙比 e_c	孔隙比变化量 $\Delta e'$	卸荷后压力(kPa) p_1	卸荷前压力(kPa) p_c	回弹系数 (kPa^{-1})a_0	回弹模量 (kPa)E_c
	(1)	(2)	(3)=(1)−(2)	(4)	(5)	$(6)=\dfrac{(3)}{((5)-(4))}$	$(7)=\dfrac{(1+(1))}{(6)}$

表 D-13　快速固结试验记录表

工程编号		试验者	
野外编号		计算者	
室内编号		校核者	
仪器名称及编号		试验日期	

试验初始高度：$h_0=$ _____ mm　　　　　　　$K=(h_n)_T/(h_n)_t=$

加压历时 (h)	压力 ρ (kPa)	校正前试样总变形量$(h_i)_t$ (mm)	校正后试样总变形量 $\sum \Delta h_i$ (mm)	压缩后试样高度 h (mm)	孔隙比 e_i	压缩模量 E_s (MPa)	压缩系数 a_v (MPa^{-1})
(1)	(2)	(3)	(4)	(5)	(6)	(7)	(8)
—	—		(4)=K(3)	(5)=h_0−(4)	(6)=$e_0-\dfrac{(4)(1+e_0)}{h_0}$	—	—
1							
1							
1							
1							
1							
稳定							

表 D-14　直接剪切试样记录表(1)

工程编号			试验者		
野外编号			计算者		
室内编号			校核者		
试验说明			试验日期		
仪器名称 及编号					

试　件　编　号			1			2			3			4		
			起始	饱和后	剪后	起始	饱和后	剪后	起始	饱和后	剪后	起始	饱和后	剪后
湿密度 ρ (g/cm^3)	(1)	(1)												
含水率 w (%)	(2)	(2)												
干密度 ρ_d (g/cm^3)	(3)	$\dfrac{(1)}{1+0.01\times(2)}$												
孔隙比 e	(4)	$\dfrac{G_s}{(3)}-1$												
饱和度 S_r (%)	(5)	$\dfrac{G_s\times(2)}{(4)}$												

工程编号			计算者		
野外编号			校核者		
室内编号			试验者		
试验说明			试验日期		
仪器名称及 编号					
剪切前固结 时间(min)			剪切前压缩 量(mm)		
垂直压力 p (kPa)			剪切历时 (min)		
测力计率定系数 C(N/0.01mm)			抗剪强度 S (kPa)		

手轮转数 (转)	测力计读数 R(0.01mm)	剪切位移 Δl(0.01mm)	剪应力 τ (kPa)	垂直位移 (0.01mm)
(1)	(2)	(3)=(1)×20−(2)	$(4)=\dfrac{(2)\times C}{A_0}\times 10$	
1				
2				
3				
4				
5				
6				
7				
8				
9				
10				
...				
32				

注:试验说明中应注明本试验所采用的试验方法

表 D-15　无侧限抗压强度试验记录表

工程编号		试验者	
野外编号		计算者	
室内编号		校核者	
试验说明		试验日期	
仪器名称及编号			

试验前试样高度 $h_0 =$ ＿＿＿＿＿ cm	试样破坏情况
试验前试样直径 $D_0 =$ ＿＿＿＿＿ cm	
试验前试验面积 $A_0 =$ ＿＿＿＿＿ cm²	
试样质量 $m_0 =$ ＿＿＿＿＿ g	
试样湿密度 $\rho =$ ＿＿＿＿＿ g/cm³	
轴向变形 $\Delta h =$ ＿＿＿＿＿ 0.01mm	
测力计率定系数 $C =$ ＿＿＿＿＿ N/0.01mm	
原状试样无侧限抗压强度 $q_u =$ ＿＿＿＿＿ kPa	
重塑试样无侧限抗压强度 $q'_u =$ ＿＿＿＿＿ kPa	
灵敏度 $S_t =$ ＿＿＿＿＿	

测力计量表读数 R (0.01mm)	轴向变形 Δh(0.01mm)	轴向应变 ε_1(%)	校正后面积 A_a(cm²)	轴向应力 σ(kPa)
(1)	(2)	(3)	(4)	$(5) = \dfrac{(1) \times C}{(4)} \times 10$

表 D-16 三轴压缩试验记录表（1）

工程编号				试验者	
野外编号				计算者	
室内编号				校核者	
试验说明				试验日期	
仪器名称及编号					

试 样 状 态				周围压力 σ_3（kPa）	
项目	起始值	固结后	剪切后	反压力 u_0（kPa）	
直径 D（cm）				反压力 u_0（kPa）	
高度 h_0（cm）				周围压力下的孔隙压力 u（kPa）	
面积 A（cm²）				周围压力下的孔隙压力 u（kPa）	
体积 V（cm³）				孔隙压力系数 $B = \dfrac{u_0}{\sigma_3}$	
质量 m（g）				破坏应变 ε_f（%）	
湿密度 ρ（g/cm³）				破坏主应力差 $(\sigma_1 - \sigma_3)_f$（kPa）	
干密度 ρ_d（g/cm³）				破坏主应力差 $(\sigma_1 - \sigma_3)_f$（kPa）	

试样含水率			破坏主应力 σ_{1f}（kPa）	
项 目	起始值	剪切后	破坏孔隙压力系数 $\overline{B_f} = \dfrac{U_f}{\sigma_{3f}}$	
盒号			破坏孔隙压力系数 $\overline{B_f} = \dfrac{U_f}{\sigma_{3f}}$	
盒质量（g）			相应的有效大主应力 σ'_1（kPa）	
盒加湿土质量（g）			相应的有效大主应力 σ'_1（kPa）	
湿土质量 m（g）			相应的有效小主应力 σ'_3（kPa）	
盒加干土质量（g）			相应的有效小主应力 σ'_3（kPa）	
干土质量 m_d（g）			最大有效主应力比 $\left(\dfrac{\sigma'_1}{\sigma'_3}\right)_{max}$	
水质量（g）			最大有效主应力比 $\left(\dfrac{\sigma'_1}{\sigma'_3}\right)_{max}$	
含水率 w（%）			孔隙压应力系数 $A_f = \dfrac{u_{df}}{B(\sigma_1 - \sigma_3)_f}$	
饱和度 S_r			孔隙压应力系数 $A_f = \dfrac{u_{df}}{B(\sigma_1 - \sigma_3)_f}$	
试样破坏情况的描述	呈鼓状破坏▢			
备　注				

208

表 D-16 三轴压缩试验记录表表（2）

工程编号		试验者	
野外编号		计算者	
室内编号		校核者	
试验说明		试验日期	
仪器名称及编号			

加反压力过程

时间	周围压力 σ_3 (kPa)	反压力 u_a (kPa)	孔隙压力 u(kPa)	孔隙压力增量 Δu	试样体积变化 读数	试样体积变化 体变量（cm³）	说明（检验结果）

固结过程

时间 (min)	量管 读数	量管 排水量（cm³）	孔隙压力 u 读数	孔隙压力 u 压力值（kPa）	体变管 读数	体变管 体变值（cm³）	说明

注：试验说明中应说明周围压力

209

表 D-16 三轴压缩试验记录表 (3)

工程编号		试验者	
野外编号		计算者	
室内编号		校核者	
试验说明		试验日期	
仪器名称及编号			

周围压力 $\sigma_3 =$ _____ kPa
剪切应变速率 = _____ mm/min
测力计率定系数 $C =$ _____ N/0.01mm

固结下沉量 $\Delta h =$ _____ cm
固结后高度 $h_c =$ _____ cm
固结后面积 $A_c =$ _____ cm²

轴向变形读数 Δh_1 (0.01mm)	轴向应变 $\varepsilon_1 = \dfrac{\Delta h_1}{h_c} \times 0.01$ (%)	试样校正后面积 $A_a = \dfrac{A_c}{1-\varepsilon_1 \times 0.01}$ (cm²)	测力计表读数 R (0.01 mm)	主应力差 $(\sigma_1-\sigma_3) = \dfrac{RC}{A_a}\times 10$ (kPa)	大主应力 $\sigma_1 = \sigma_3 + (\sigma_1-\sigma_3)$ (kPa)	孔隙压力 u		试样体积变化				有效大主应力 σ'_1 (kPa)	有效小主应力 σ'_3 (kPa)	有效主应力比 $\dfrac{\sigma'_1}{\sigma'_3}$	$\dfrac{\sigma_1-\sigma_3}{2}$ (kPa)	$\dfrac{\sigma_1+\sigma_3}{2}$ (kPa)	$\dfrac{\sigma'_1+\sigma'_3}{2}$ (kPa)
						读数	压力值 (kPa)	排水管 读数	排出水量 (cm³)	体变量 读数	体变量 (cm³)						

表 D-17　静止侧压力系数试验记录表

工程编号			试验者	
野外编号			计算者	
室内编号			校核者	
试验说明			试验日期	
仪器名称及编号				
电测仪表初始读数	$R_0 =$		$\mu\varepsilon(\mathrm{mV})$	
压力传感器比例常数	$C=$		$\mathrm{kPa}/\mu\varepsilon(\mathrm{mV})$	

压力等级（kPa）	经过时间 t（min）	轴向变形 Δh（0.01mm）	轴向压力 σ'_1（kPa）	电测仪表读数 $R(\mu\varepsilon)$（mV）	读数变化值 $(R-R_0)$（$\mu\varepsilon$）（mV）	侧向压力 σ'_3（kPa）

表 D-18 弹性模量试验记录表

工程编号		试验者	
野外编号		计算者	
室内编号		校核者	
试验说明		试验日期	
仪器名称及编号			

固结压力:轴向_____kPa; 侧向_____kPa

荷重级编号	荷重增量(N)	加荷压缩量 1min 位移计读数	卸荷回弹量 1min 位移计读数
1			
2			
3			
4			
5			
6			

表 D-19　基床系数试验记录表（K_0 固结仪法）

工程编号						试验者		
野外编号						计算者		
室内编号						校核者		
试验说明						试验日期		
仪器名称 及编号								
土样名称			压力方向（√选）		□垂直		□水平	
变形量 1.250mm 对应压力（kPa）				基床系数 K_v（MPa/m）				
压力 P（kPa）	25	50	75	100	150	200	300	400
变形量 S（mm）								

213

表 D-20　基床系数试验记录表（固结试验计算法）

工程编号		试验者	
试验日期		计算者	
试验说明		校核者	
仪器名称及编号			

野外编号室内编号	计算起点孔隙比 e_1	计算终点孔隙比 e_2	计算起点压力 σ_1（MPa）	计算终点压力 σ_2（MPa）	平均孔隙比 e_m	样品高度 h_0（m）	基床系数 K_v（MPa/m）

表 D-21　基床系数试验记录表（三轴仪法）

工程编号		试验者	
野外编号		计算者	
室内编号		校核者	
试验说明		试验日期	
仪器名称及编号			
含水率（%）		试样高度（mm）	
控制比值（n）		试样直径（mm）	

试样高度 h_i（mm）	土的变形 Δh_i（mm）	轴向压力（N）	轴向应变 ε_1（%）	校正后的面积（mm²）	应力 σ_1（kPa）

表 D-22　砂的相对密度试验记录表

工程编号		试验者	
野外编号		计算者	
室内编号		校核者	
试验说明		试验日期	
仪器名称及编号			

试验项目			最大孔隙比 e_{max}		最小孔隙比 e_{min}	备注
试验方法			漏斗法	量筒法	振打法	
试样加容器质量　（g）	(1)	—			—	
容器质量　　　　（g）	(2)	—			—	
试样质量 m_d　　（g）	(3)	(1)−(2)				
试样体积 V　　（cm³）	(4)	—				
干密度 ρ_d　（g/cm³）	(5)	(3)/(4)				
平均干密度　（g/cm³）	(6)	—				
比重 G_s	(7)	—				
孔隙比 e	(8)					
天然干密度　（g/cm³）	(9)	—				
天然孔隙比 e_0	(10)	—				
相对密度 D_r	(11)	—				

表 D-23　击实试验记录表

工程编号		试验者	
试验日期		计算者	
试验说明		校核者	
仪器名称及编号			
击实仪型编号		击实筒体积(cm³)	
落距(mm)		击锤质量(kg)	
每层击数		击实方法	

野外编号 室内编号	试验序号	干密度					含水率					超高 (mm)
		筒加土质量(g)	筒质量(g)	湿土质量 m_0(g)	湿密度 ρ(g/cm³)	干密度 ρ_d(g/cm³)	盒号	湿土质量 m_0(g)	干土质量 m_d(g)	含水率 w(%)	平均含水率 w(%)	

最大干密度 ρ_{dmax}_____（g/cm³）　　最优含水率 w_{op}_____（%）

216

表 D-24(1) 土的承载化(CBR)试验记录表(膨胀量)

工程编号		试验者	
野外编号		计算者	
室内编号		校核者	
试验说明		试验日期	
仪器名称及编号			
试样筒体积 $V(\text{cm}^3)$			

	试件编号	(1)	—		1	2	3
	击实筒编号	(2)					
含水率	盒加湿土质量(g)	(3)	—				
	盒加干土质量(g)	(4)	—				
	盒质量(g)	(5)	—				
	含水率 $w(\%)$	(6)	$\left(\dfrac{(3)-(5)}{(4)-(5)}-1\right)\times100$				
	平均含水率 $w(\%)$	(7)	—				
密度	筒加试样质量 $m_2(\text{g})$	(8)	—				
	筒质量 $m_1(\text{g})$	(9)	—				
	湿密度 $\rho(\text{g/cm}^3)$	(10)	$\dfrac{(8)-(9)}{V}$				
	干密度 $\rho_\text{d}(\text{g/cm}^3)$	(11)	$\dfrac{(10)}{1+0.01(7)}$				
	干密度平均值 $\rho_\text{d}(\text{g/cm}^3)$	(12)	—				
膨胀率	浸水前试样高度 $h_0(\text{mm})$	(13)	—				
	浸水后试样高度 $h_\text{w}(\text{mm})$	(14)	—				
	膨胀率 $\delta_\text{w}(\%)$	(15)	$\dfrac{(14)-(13)}{(13)}\times100$				
	膨胀率平均值 $\delta_\text{w}(\%)$	(16)	—				
吸水	浸水后筒加试样质量 $m_3(\text{g})$	(17)	—				
	吸水量 $m_\text{w}(\text{g})$	(18)	(17)−(8)				
	吸水量平均值 $m_\text{w}(\text{g})$	(19)	—				

217

表 D-24(2)　土的承载化（CBR）试验记录表（贯入）

工程编号		试验日期		试验者	
野外编号		击实筒编号		计算者	
室内编号		试验说明		校核者	
仪器名称及编号					

击实方法 _____（次/层）　荷载板质量 m _____（kg）　测力计率定系数 C _____（N/0.01mm）　浸水条件 _____

最大干密度 ρ_{dmax} _____（g/cm³）　贯入速度 v _____（mm/min）　最优含水率 w_{op} _____（%）　贯入面积 A _____（cm²）

试件编号 No.					试件编号 No.					试件编号 No.				
贯入量（0.01mm）		测力计读数（0.01mm）	单位压力（kPa）		贯入量（0.01mm）		测力计读数（0.01mm）	单位压力（kPa）		贯入量（0.01mm）		测力计读数（0.01mm）	单位压力（kPa）	
量表 I	量表 II 平均值				量表 I	量表 II 平均值				量表 I	量表 II 平均值			
$CBR_{2.5}=$	（%）				$CBR_{2.5}=$	（%）				$CBR_{2.5}=$	（%）			
$CBR_{5.0}=$	（%）				$CBR_{5.0}=$	（%）				$CBR_{5.0}=$	（%）			
$CBR=$	（%）				$CBR=$	（%）				$CBR=$	（%）			

平均 $CBR=$ 　　（%）

218

表 D-25-1　振动三轴动强度(抗液化强度)试验记录表(1)

工程编号		试验者	
野外编号		计算者	
室内编号		校核者	
试验说明		试验日期	
仪器名称及编号			

固结前	固结后	固结条件	试验条件和破坏标准	
试样直径 d (mm)	试样直径 d_c (mm)	固结应力比 K_c	动荷载 W_d(kN)	
试样高度 h (mm)	试样高度 h_c (mm)	轴向固结应力 σ_{1c}(kPa)	振动频率(Hz)	
试样面积 A (cm²)	试样面积 A_c (cm²)	侧向固结应力 σ_{3c}(kPa)	等压时孔压破坏标准(kPa)	
体积量管读数 V_1(cm³)	体积量管读数 V_2(cm³)	固结排水量 ΔV(mL)	等压时应变破坏标准(%)	
试样体积 V (cm³)	试样体积 V_c (cm³)	固结变形 Δh(mm)	偏压时应变破坏标准(%)	
试样干密度 ρ_d(g/cm³)	试样干密度 ρ_d(g/cm³)	振后排水量 (mL)	振后高度(mm)	
试样破坏情况描述				
备注				

表 D-25-1　振动三轴动强度(抗液化强度)试验记录表(2)

工程编号		试验者	
野外编号		计算者	
室内编号		校核者	
试验说明		试验日期	
仪器名称及编号			

振次 (次)	动变形 Δh_d (mm)	动应变 ε_d (%)	动孔隙压力 u_d(kPa)	动孔压比 u_d/σ'_0

表 D-25-2 振动三轴动弹性模量和阻尼比试验记录表(1)

工程编号		试验者	
野外编号		计算者	
室内编号		校核者	
试验说明		试验日期	
仪器名称及编号			

固结前	固结后	固结条件及振动试验条件	
试样直径 d (mm)	试样直径 d_c (mm)	固结应力比 K_c	
试样高度 h (mm)	试样高度 h_c (mm)	轴向固结应力 σ_{1c} (kPa)	
试样面积 A (cm²)	试样面积 A_c (cm²)	侧向固结应力 σ_{3c} (kPa)	
体积量管读数 V_1 (cm³)	体积量管读数 V_2 (cm³)	固结排水量 ΔV (mL)	
试样体积 V (cm³)	试样体积 V_c (cm³)	固结变形量 Δh (mm)	
试样干密度 ρ_d (g/cm³)	试样干密度 ρ_d (g/cm³)	振动频率 f (Hz)	

级数	1	2	3	4	5	6	7	8	9	10
每级动荷载(kN)										
备注										

表 D-25-2　振动三轴动弹性模量和阻尼比试验记录表(2)

工程编号		试验者	
野外编号		计算者	
室内编号		校核者	
试验说明		试验日期	
仪器名称及编号			

振次 (次)	动应力 σ_d (kPa)	动变形 Δh_d(mm)	动应变 ε_d(%)	动弹性模量 E_d(kPa)	阻尼比 λ(%)

表 D-25-3　振动三轴残余变形特性试验记录表(1)

工程编号		试验者	
野外编号		计算者	
室内编号		校核者	
试验说明		试验日期	
仪器名称及编号			

固结前		固结后		固结条件		试验及破坏条件	
试样直径 d (mm)		试样直径 d_c (mm)		固结应力比 K_c		动荷载(kN)	
试样高度 h (mm)		试样高度 h_c (mm)		轴向固结应 力 σ_{1c}(kPa)		振动频率 f(Hz)	
试样面积 A (cm²)		试样面积 A_c (cm²)		侧向固结应 力 σ_{3c}(kPa)		振动次数(次)	
体积量管读 数 V_1(cm³)		体积量管读 数 V_2(cm³)		固结排水量 ΔV(mL)		振后排水量(mL)	
试样体积 V (cm³)		试样体积 V_c (cm³)		固结变形量 Δh(mm)		振后高度(mm)	
试样干密度 ρ_d(g/cm³)		试样干密度 ρ_d(g/cm³)					
试样破坏情况描述							
备注							

表 D-25-3　振动三轴残余变形特性试验记录表（2）

工程编号		试验者	
野外编号		计算者	
室内编号		校核者	
试验说明		试验日期	
仪器名称 及编号			

振次 （次）	动残余体积 变化（cm³）	动残余轴向 变形（mm）	残余体应变 ε_{vr}（%）	动残余轴向 应变 ε_d（%）

表 D-26　导热系数试验记录表（面热源法）

工程编号		试验者	
试验日期		计算者	
试验说明		校核者	
仪器名称 及编号			

室内 编号	野外 编号	土名	土性 状态	样品直径 （mm）	样品高度 （mm）	稳定后 温度℃	导热系数 W/m·K	
							单值	平均值

表 D-27 导热系数试验记录表(平板热流计法)

工程编号		试验者	
试验日期		计算者	
试验说明		校核者	
仪器名称 及编号			

试样面积 m²			试样长度 m				

室内 编号	野外 编号	土名	土性状态	热面温度 (K)	冷面温度 (K)	热流 (W)	导热系数 (W/m·K)

表 D-28 比热容试验记录表

工程编号		试验者	
试验日期		计算者	
试验说明		校核者	
仪器名称 及编号			

室内 编号	野外 编号	土名	水土温度(℃)			水质量 (g)	试样质 量(g)	比热容(J/kg.K)	
			水初 温	土初 温	水土平 衡温度			单值	平均值

表 D-29 冻结温度试验记录表

工程编号		试验者			
试验日期		计算者			
试验说明		校核者			
仪器名称及编号		热电偶系数(K_f)＝＿＿＿＿＿＿ μV/℃			
野外编号室内编号	历 时（min）	电压表示值 U_f(μV)	冻结温度 T_f(℃)		备 注
	（1）	（2）	（3）＝（2）/K_f		

表 D-30 人工冻土含水率试验记录表（烘干法）

工程编号		试验者					
试验日期		计算者					
试验说明		校核者					
仪器名称及编号							
野外编号室内编号	盒号	盒质量(g)	盒加湿土质量(g)	盒加干土质量(g)	冻土质量 m_{f0}(g)	干土质量 m_d(g)	冻土含水率 w_f(%)	平均值 w_f(%)
		（1）	（2）	（3）	（4）＝（2）－（1）	（5）＝（3）－（1）	（6）＝$\left[\dfrac{(4)}{(5)}-1\right]\times 100$	（7）

225

表 D-31 人工冻土含水率和冻土密度试验记录表（联合测定法）

工程编号		试验者	
试验日期		计算者	
试验说明		校核者	
仪器名称及编号			

野外编号 室内编号	冻土质量 m_{f0} (g)	筒加水质量 m_{tw} (g)	筒加水加试样质量(g)	筒加水加冻土颗粒质量 m_{tws} (g)	土粒比重 G_s	冻土试样体积 V_f (cm³)	冻土密度 ρ_f (g/cm³)	冻土含水率 w_f (%)

表 D-32 人工冻土密度试验记录表（浮称法）

工程编号		试验者	
试验日期		计算者	
试验说明		校核者	
仪器名称及编号			

野外编号 室内编号	试样描述	煤油温度 (℃)	煤油密度 ρ_m (g/cm³)	冻土质量 m_{f0} (g)	试样在油中的质量 m_{fm} (g)	冻土体积 V_f (cm³)	冻土密度 ρ_f (g/cm³)	平均冻土密度 ρ_f (g/cm³)
		(1)	(2)	(3)	(4)	$(5)=\dfrac{(3)-(4)}{(2)}$	$(6)=\dfrac{(3)}{(5)}$	7

226

表 D-33 人工冻土导热系数试验记录表

工程编号		试验者	
试验日期		计算者	
试验说明		校核者	
仪器名称及编号			

冻土试样含水率 $w_f =$ _____ %　石蜡导热系数 $\lambda_0 = 0.279 \text{W/(m·K)}$
冻土试样密度 $\rho_f =$ _____ g/cm³

野外编号／室内编号	时间（min）	石蜡样品盒内两壁面温差 $\Delta\theta_0$（℃）	待测试样盒两壁面温差 $\Delta\theta$（℃）	导热系数 λ_f ［W/(m·K)］	备　注
	（1）	（2）	（3）	（4）＝$\lambda_0 \times$（2）/（3）	

表 D-34 人工冻土直接剪切试样记录表

工程编号		试验者		
野外编号		计算者		
室内编号		校核者		
试验说明		试验日期		
仪器名称及编号				
剪切前压缩量（mm）		剪切历时（min）		
垂直压力 p （kPa）		抗剪强度 S(kPa)		
试样温度 T （℃）	垂直压力 p （N）	剪切位移 Δl （0.01mm）	剪应力 τ （kPa）	垂直位移 （0.01mm）

表 D-35-1 冻胀率试验记录表

工程编号		试验者	
试验日期		计算者	
试验说明		校核者	
仪器名称 及编号			
试样结构			

冻土试样含水率 $w_f =$ _____％　冻土试样密度 $\rho_f =$ _____ g/cm³
初始水位 = _____　冻结深度 $H_f =$ _____ mm

野外编号 室内编号	时间 (h)	水位 (mm)	温度 (℃)	冻胀量 Δh_f (mm)	备注

表 D-35-2　冻胀力试验记录表

工程编号				试验者			
野外编号				计算者			
室内编号				校核者			
试验说明				试验日期			
仪器名称 及编号							
试样结构							

测定时间				冻胀力测定			
月	日	时	分	测定时间 （h min s）	平衡荷 重（N）	压力 （kPa）	仪器变形量 （0.01mm）

表 D-36　人工冻土单轴抗压强度试验记录表

工程编号		试验者	
野外编号		计算者	
室内编号		校核者	
试验说明		试验日期	
仪器名称及编号			

试验前试样高度 $h_0 =$ _____mm

试验前试样直径 $D_0 =$ _____mm

试验前试样截面积 $A_0 =$ _____mm^2

试样重量 $G =$ _____g

试验前试样含水率 $w_0 =$ _____%

试验前试样密度 $\rho_0 =$ _____g/mm^3

试验温度 $T =$ _____℃

试验后试样含水率 $w =$ _____%

试验后试样密度 $\rho =$ _____g/mm^3

试验破坏情况：

轴向变形 $\Delta h(mm)$	轴向应变 $\varepsilon(\%)$	校正面积 $A(mm^2)$	轴向荷载 $F(N)$	轴向应力 $\sigma(MPa)$

表 D-37　人工冻土抗折强度试验记录表

工程编号		试验者	
野外编号		计算者	
室内编号		校核者	
试验说明		试验日期	
仪器名称 及编号			

试验前试样高度 $h_0=$ _____ mm
试验前试样宽度 $b_0=$ _____ mm
试验前试样长度 $l_0=$ _____ mm
试样重量 $G=$ _____ g
试验前试样含水率 $w_0=$ _____ %
试验前试样密度 $\rho_0=$ _____ g/mm³
试验温度 $T=$ _____ ℃
试验前试样体积 $V_0=$ _____ mm³
加载速率 $v=$ _____ %/min

试验后试样含水率 $w=$ _____ %
试验后试样密度 $\rho=$ _____ g/mm³
冻土抗折强度 $f_f=$ _____ MPa

试验破坏情况：

试样截面宽度 b(mm)	试样截面高度 h(mm)	支座间距 l(mm)	破坏荷载 p(mm)

表 D-38　人工冻土融化压缩试验记录表

工程编号		试验者	
野外编号		计算者	
室内编号		校核者	
试验说明		试验日期	
仪器名称及编号			

融沉下沉量 $\Delta h_{f0} =$ _____ cm　融沉后试样孔隙比 $e =$ _____

加压时间 t(h,min)	压力 p (kPa)	试样总变形量(mm)	孔隙比 e_i	融化压缩系数 α_{fv}(MPa^{-1})
（1）	（2）	（3）	$(4)=e-\dfrac{(3)}{h}(1+e)$	（5）

表 D-39　有机质试验记录表(灼失量)

工程编号			试验者		
试验日期			计算者		
试验说明			校核者		
仪器名称及编号					
野外编号室内编号	坩埚质量 m_1(g)	干土质量 m(g)	灼烧后坩埚＋干土质量 m_2(g)	有机质含量 W(%)	平均

表 D-40　土的酸碱度(pH)测定试验记录表

工程编号			试验者		
试验日期			计算者		
试验说明			校核者		
仪器名称及编号					
野外编号室内编号	土水比例	温度(℃)	pH 值		备注
			第 1 次	第 2 次	

表 D-41　土的易溶盐总量测定试验记录表

工程编号		试验者	
试验日期		计算者	
试验说明		校核者	
试验主要仪器型号及编号			

野外编号室内编号	蒸发皿编号 No.	风干土质量 m_s (g)	风干含水率 w (%)	烘干土质量 m_s (g)	加水容积 V_w (mL)	吸取浸出液 V_S (mL)	蒸发皿质量 m_1 (g)	蒸发皿加烘干残渣质量 m_2 (g)	蒸发皿加碳酸钠蒸干后质量 m_3 (g)	蒸发皿加碳酸钠加试样蒸干后质量 m_4 (g)	蒸干后碳酸钠质量 m_0 (g)	蒸干后试样加碳酸钠质量 m (g)	易溶盐总量 W（易溶盐）（%）	
													计算值	平均值

表 D-42　土的易溶盐碳酸根（CO_3^{2-}）重碳酸根（HCO_3^-）测定试验记录表

工程编号		试验者	
试验日期		计算者	
试验说明		校核者	
仪器名称及编号			

野外编号室内编号	风干土质量 m_s (g)	加水体积 V_w (mL)	吸取滤液体积 V_S (mL)	硫酸（H_2SO_4）标准溶液			碳酸根含量 $b(CO_3^{2-})$（mmoL·kg^{-1}）		重碳酸根含量 $b(HCO_3^-)$（mmol·kg^{-1}）	
				浓度 C（H_2SO_4）（mol·L^{-1}）	酚酞做指示剂用量 V_1（mL）	甲基橙做指示剂用量 V_2(mL)	计算值	平均值	计算值	平均值

表 D-43　土的易溶盐氯根(Cl^-)测定试验记录表

工程编号		试验者	
试验日期		计算者	
试验说明		校核者	
仪器名称及编号			

野外编号 室内编号	风干土质量 m_s (g)	加水体积 V_w (mL)	吸取滤液体积 V_s (mL)	风干土试样含水率 w (%)	硝酸银标准溶液			氯离子含量 $b(Cl^-)$ (mmol·kg^{-1})	
					浓度 C ($AgNO_3$) (mol·L^{-1})	滴定用量 V_1 (mL)	空白用量 V_2 (mL)	计算值	平均值

表 D-44　土的硫酸根(SO_4^{2-})测定试验记录表

工程编号		试验者	
试验日期		计算者	
试验方法	EDTA 法	校核者	
仪器名称及编号			

野外编号 室内编号	烘干土质量 m_s (g)	加水体积 V_w (mL)	吸取滤液体积 V_s (mL)	EDTA 标准溶液				硫酸根含量 $W(SO_4^{2-})$ (g·kg^{-1})	
				浓度 C (mol·L^{-1})	用量 V_1 (mL)	用量 V_2 (mL)	用量 V_3 (mL)	计算值	平均值

表 D-45　土的硫酸根（SO_4^{2-}）测定试验记录表

工程编号		试验者	
试验日期		计算者	
试验方法	比浊法	校核者	
仪器名称及编号			

野外编号室内编号	烘干土质量 m_s（g）	加水体积 V_w（mL）	吸取滤液体积 V_s（mL）	试验时温度（℃）	吸收值	由标准曲线查出的硫酸根质量（mg）	硫酸根含量 $W(SO_4^{2-})$（g·kg^{-1}）	
							计算值	平均值

表 D-46　土的硫酸根（SO_4^{2-}）测定试验记录表

工程编号		试验者	
试验日期		计算者	
试验方法	重量法	校核者	
仪器名称及编号			

野外编号室内编号	风干土质量 m_s（g）	浸出液纯水体积 V_w（mL）	吸取滤液体积 V_s（mL）	试验时温度（℃）	灼烧至恒重的沉淀与坩埚质量（m_1）	灼烧至恒重的坩埚质量（m_2）	硫酸根含量 $W(SO_4^{2-})$（g·kg^{-1}）	
							计算值	平均值

表 D-47 土的钙离子（Ca^{2+}）、镁离子（Mg^{2+}）测定试验记录表（EDTA 法）

工程编号		试验者	
试验日期		计算者	
试验说明		校核者	
仪器名称及编号			

野外编号	室内编号	风干土质量 m_s (g)	浸出液纯水体积 V_w (mL)	吸取滤液体积 V_s (mL)	EDTA 标准溶液				Ca^{2+} 含量				Mg^{2+} 含量			
					浓度 C (EDTA) (mol/L)	滴定 Ca^{2+} 用量 V_1 (mL)	滴定 Ca^{2+} + Mg^{2+} 用量 V_2 (mL)	滴定 Mg^{2+} 用量 $V_2 - V_1$ (mL)	$b(Ca^{2+})$ (mmol·kg^{-1})		(Ca^{2+}) (%)		$b(Mg^{2+})$ (mmol·kg^{-1})		(Mg^{2+}) (%)	
									计算值	平均值	计算值	平均值	计算值	平均值	计算值	平均值

238

表 D-48 土的钙离子(Ca^{2+})、镁离子(Mg^{2+})测定试验记录表(原子吸收法)

工程编号		试验者	
试验日期		计算者	
试验说明		校核者	
仪器名称及编号			

野外编号 室内编号	风干土质量 m_s (g)	风干土含水率 $w(\%)$	浸出液纯水体积 V_w (mL)	吸取滤液体积 V_s (mL)	测定时溶液定容体积 V_c (L)	测得吸收值		相应的浓度		钙离子		镁离子	
						Ca^{2+}	Mg^{2+}	$\rho(Ca^{2+})$ (mg·L^{-1})	$\rho(Mg^{2+})$ (mg·L^{-1})	$b(Ca^{2+})$ (mmol/ kg 土)	Ca^{2+} (%)	$b(Mg^{2+})$ (mmol/ kg 土)	Mg^{2+} (%)

表 D-49 土的钠离子（Na^+）、钾离子（K^+）测定试验记录表

工程编号													
试验日期		试验者											
试验说明		计算者											
仪器名称及编号		校核者											
野外编号 室内编号	风干土质量 m_s (g)	风干土含水率 $w(\%)$	浸出液纯水体积 V_w (mL)	吸取滤液体积 V_s (mL)	测定时溶液定容体积 V_c (L)	测得吸收值 Na$^+$	测得吸收值 K$^+$	相应的浓度 $\rho(Na^+)$ (mg·L^{-1})	相应的浓度 $\rho(K^+)$ (mg·L^{-1})	钠离子 $b(Na^+)$ (mmol/ kg 土)	钠离子 Na$^+$ (%)	钾离子 $b(K^+)$ (mmol/ kg 土)	钾离子 K$^+$ (%)

240

表 D-50　土的中溶盐石膏（$CaSO_4 \cdot 2H_2O$）测定试验记录表

工程编号		试验者	
试验日期		计算者	
试验说明		校核者	
仪器名称及编号			

野外编号室内编号	坩埚编号 No.	风干土质量 m_s (g)	酸浸出硫酸根含量 $M(SO_4^{2-})$ (g)			水浸出硫酸根含量 $W(SO_4^{2-})_w$（%）	中溶盐石膏含量 $W(CaSO_4 \cdot 2H_2O)$（%）	
			坩埚质量 m_1 (g)	沉淀加坩埚质量 m_2 (g)	沉淀质量 $m_2 - m_1$ (g)		计算值	平均值

241

表 D-51 土的难溶盐碳酸钙(CaCO₃)测定试验记录表

工程编号					试验者			
试验日期					计算者			
试验说明					校核者			
仪器名称及编号								

野外编号 室内编号	风干土质量 m_d (g)	测得二氧化碳体积 $V(CO_2)$			试验时温度		试验时大气压力 P (kPa)	难溶盐碳酸钙含量($CaCO_3$)(%)	
		初读数	终读数	结果	摄氏度 $t(℃)$	热力学度 $T(K)$		计算值	平均值

宁波市土工试验技术细则

2018 甬 DX-02

条 文 说 明

目　　次

1　总则 ………………………………………… 245

3　试样制备 …………………………………… 246

4　含水率试验 ………………………………… 248

5　密度试验 …………………………………… 249

6　比重试验 …………………………………… 250

7　颗粒分析试验 ……………………………… 251

8　界限含水率试验 …………………………… 252

9　渗透试验 …………………………………… 254

10　固结试验 ………………………………… 256

11　直接剪切试验 …………………………… 259

12　无侧限抗压强度试验 …………………… 270

13　三轴压缩试验 …………………………… 271

14　静止侧压力系数试验 …………………… 273

16　基床系数试验 …………………………… 275

17　砂的相对密度试验 ……………………… 280

18　击实试验 ………………………………… 281

19　土的承载比(CBR)试验 ………………… 282

20　振动三轴试验 …………………………… 283

21　热物理试验 ……………………………… 290

22　人工冻土试验 …………………………… 296

23　土的化学试验 …………………………… 298

1 总 则

1.0.1 制定本细则的目的是使宁波市各家勘察单位的实验/试验室在进行土工试验时使用统一的试验准则,采用标准化的试验过程,使获得的试验结果具有可比性。

1.0.2 本细则在国家标准《土工试验方法标准》(GB/T50123—1999)的基础上,参考了铁路、公路、水利等系统的土工试验方法,并结合宁波地方特点,纳入了20大类测定土的基本工程性质的试验项目,基本涵盖了宁波市房屋建筑、市政工程的岩土工程勘察的需要。

1.0.4 土工试验资料的分析整理,对提供准确可靠的土性指标是十分重要的。对不合理的数据进行研究、分析原因,有条件时,应进行一定的补充试验,以便决定对可疑数据的取舍或改正。

1.0.5 土工试验所用的仪器应符合现行国家标准《岩土工程仪器基本参数及通用技术条件》(GB/T 15406)的规定。依据国家有关法规、计量标准的要求,土工试验所用的仪器、设备应定期检定或校准。对通用仪器设备,应按有关的检定规程进行。对专用仪器设备可参照国家现行标准《土工试验专用仪器校验方法》SL110~SL118进行校验。

3 试样制备

3.0.3 为了控制制备试样的均匀性,减少试验数据的离散性,一般是用含水率和密度作为控制指标。

3.0.5 原状土试样制备过程中,应先对土样进行描述,了解土样的均匀程度、含夹杂质及土的结构(如层状构造、夹粉砂薄层)等情况,并选取代表性土样进行制样。制备土样应使选用物理性质试验的试样和选用力学性质试验的试样一致,同时为力学试验成果指标的分析提供依据。描述时可目力初估样品的塑性指数 I_P 及液性指数 I_L 区间范围,当试验成果指标偏离描述区间时,应核对试验数据并分析其原因,必要时进行补测。同时土样描述应包含对土样质量的鉴别,为保证试验成果的可靠性,质量不符合要求的原状土不能进行力学性质试验。当土样开样描述与野外定名差异较大时,应及时与工程负责人沟通。

用环刀切取试样时,必须保证环刀垂直下压,因环刀不垂直切取的试样层次倾斜,与天然结构不符;其次,试样与环刀内壁间容易产生间隙,切取试样时要防止扰动,否则均会影响测试结果。

3.0.6 扰动土试样的备样过程中对有机质土样规定采用天然含水率状态下的代表性土样,供颗粒分析、界限含水率试验,因为这些土在 105℃～110℃ 温度下烘干后,胶体颗粒和黏粒会胶结在一起,试验中影响分散,使测试结果有差异。

3.0.8 扰动土试样制备时所需的加水量要求均匀喷洒在土样上,润湿一昼夜,目的是使制备样含水率均匀,达到密度的差异小。击样法制备试样时,若分层击样,每层的密实也要均匀。

3.0.9 饱和度的大小对渗透试验、固结试验和剪切试验的成果均有影响,对于不测孔隙水压力的试验,一般认为:饱和度大于 95% 即为饱和,对于要测孔隙水压力参数的试验,对饱和度要求较高时,可采用反压饱和。

4 含水率试验

4.1.1 含水率试验方法有多种,但能确保质量,操作简单又符合含水率定义的试验方法仍以烘干法为主,故本细则规定采用烘干法作为室内试验的方法。在野外无烘箱设备或要求快速测定含水率时,可用酒精燃烧法测定细粒土的含水率,酒精燃烧法所用的仪器设备及试验步骤可参照现行铁路、公路行业的土工试验规程。

此外,对有机质土,由于在 105℃～110℃ 温度下经长时间烘干后,有机质特别是腐植酸会在烘干过程中逐渐分解而不断损失,使测得的含水率比实际的大,土中有机质含量越高误差就越大。故本细则对有机质含量超过 5% 的土,规定应在 65℃～70℃ 的恒温下进行烘干,同时需注明有机质含量,以作参考。

4.1.2 由于宁波地区软土中有薄层、团块等,非均质土的含水率试验要求高于国家标准。

4.2.2 试样烘干到恒量所需的时间与土的类别及取土数量有关。本细则规定细粒土取 15g～30g,砂类土、砾类土因持水性差,颗粒大小相差悬殊,含水量易于变化,所以试样应多取一些,本细则规定砂类土取不少于 50g,砂砾石取 2kg～5kg。制取试样时,应分次选取代表性的土试样,不宜一次性选择整块土试样。因此,本细则规定对黏性土、粉土烘干时间不少于 8h,对砂类土烘干时间不少于 6h。

5 密度试验

5.1　密度试验主要方法有环刀法、蜡封法、灌水法、灌砂法，由于宁波地区多为均质土，且本区域普遍使用环刀法，基本没有使用其他方法，为达到方法统一，便于比较，本细则仅对环刀法进行阐述，其他方法可参照相应的国家规范标准。

5.2　环刀法是测定土样密度的基本方法，所用环刀的尺寸是根据现行国家标准《岩土工程仪器基本参数及通用技术条件》（GB/T15406）的规定选用。

6 比重试验

6.1.1 土的颗粒比重与矿物成分有关,通过大量的土粒比重与塑性指数、颗粒组成比较试验,积累了地方经验,对于宁波市区的黏性土、粉土和砂土,土粒比重可采用表1中的数值,但在没有经验的地区或有机质含量大于5%的土样应进行实测。

表1 宁波市区土粒比重经验值

土的类别及名称		按塑性指数	按颗粒组成百分比	比重
黏性土	黏土	$I_P>24$	/	2.76
		$20<I_P\leqslant24$		2.75
		$17<I_P\leqslant20$		2.74
	粉质黏土	$14<I_P\leqslant17$	/	2.73
		$10<I_P\leqslant14$		2.72
粉土	黏质粉土	$7<I_P\leqslant10$	$10\%<d_{0.005}\leqslant15\%$	2.71
	砂质粉土	$3<I_P\leqslant7$	$d_{0.005}\leqslant10\%$	2.70
砂土	粉砂	/	$50\%<d_{0.075}\leqslant85\%$	2.69
	细砂	/	$85\%<d_{0.075}$	2.68
	中砂	/	$50\%<d_{0.25}$	2.67
	粗砂	/	$50\%<d_{0.50}$	2.66

注:1. 本表仅适用于有机质含量小于等于5%的土;
2. $d_{0.005}$、$d_{0.075}$、$d_{0.25}$、$d_{0.50}$ 分别表示粒径<0.005mm、粒径>0.075mm、粒径>0.25mm、粒径>0.50mm的百分含量。
3. 表中 $I_P=W_L-W_P$,其中 W_L 为76克圆锥入土深度为10mm时测得的液限含水率;W_P 为塑限含水率。

7 颗粒分析试验

7.2.1 细筛可根据工程需要选用孔径 1.0、0.15 等筛子。

7.3.4 颗粒分析试验采用密度计法时,密度计读数的选择可采用以下两种方法:一种是全曲线分析读数法,即经 0.5、1、2、5、15、30、60、120、180、1440min······测读密度计读数。其中,0.5、1.0、2.0min 读数后均需重新搅拌。另一种方法是去掉 0.5min 和 2min 两级,减少扰动;增加 180min 必测,用 120min 和 180min 两点控制 0.005mm;同时增加 1080min(用于控制 0.002mm),与 1440min 并列为可选项。这种方法节省了大量的计算工作量,又免去了多次在静止的悬液中放取密度计对悬液的扰动,减少了产生误差的因素。另外也可根据试样情况或实际需要,适当增加密度计读数或缩短最后一次读数的时间。本细则采用的是第二种方法。

8 界限含水率试验

8.2.6 76g 锥下沉深度 17mm 液限,与碟式仪法测得液限等效,与国际(如 ASTM)标准接轨,我国《公路土工试验规程》(TGJE40—2007)、《土的工程分类标准》(GBT50145—2007)等采用 76g 锥下沉深度 17mm 液限进行塑性图分类。76g 锥下沉深度 10mm 液限是我国 20 世纪 50 年代以来一直使用的标准,目前《建筑地基基础设计规范》(GB50007—2011)、《岩土工程勘察规范》(GB50021—2009)等仍然采用 76g 锥下沉深度 10mm 液限进行土的工程分类。因此,本细则两个液限都列入,当侧重于判别土的物理性质时应采用 76g 锥下沉深度 17mm 液限进行塑性图分类,当仅用于勘察设计中土的工程分类时仍应采用 76g 锥下沉深度 10mm 液限。

液、塑限联合试验法三个测点的分布使其间距尽量大些,在图上比较均匀地分布。一般锥体下沉深度在 2mm~17mm。最高点的下沉深度在 16mm~18mm;最低点在 2mm~8mm。考虑到下沉深度为 3mm~4mm 的试样调制困难,最低点为 4mm~5mm,中间点为 9mm~11mm。

8.3 液限试验,国家标准《土工试验方法标准》(GB/T50123—1999)规定用 76 克圆锥仪入土深度 17mm 和 10mm 两种标准液限,宁波地区均习惯使用我国传统的 76g 圆锥仪法测量液限含水率,所以本条液限含水率增加了 76g 圆锥仪法。本地区各单位一直使用 10mm 标准,积累了大量资料,所以仍采用 10mm 标准。

8.4 对于塑性指数 10~12 的低塑性土或目测判定为粉土的或具有粉土特性的低塑性土,由于塑限搓条法误差较大,本细则建议用颗粒分析复测黏粒含量,当黏粒含量大于 10％且小于等于全重的 15％,则按颗分定名为黏质粉土;若黏粒含量小于等于全重的 10％,则定名为砂质粉土。

9　渗透试验

9.1.1　测定土的渗透系数对不同的土类应选用不同的试验方法。试验类型分为常水头渗透试验和变水头渗透试验,常水头渗透试验适用于粗粒土;变水头渗透试验适用于细粒土。试验宜重复测记5～6次以上,计算的渗透系数宜取三个误差不大于 2×10^{-n} 的数据平均值,本细则以 20℃ 作为标准温度,计算时需要校正到标准温度下的渗透系数。对透水性很低的饱和黏性土,可通过固结试验测定固结系数 C_v、C_h,计算渗透系数 k_v、k_h。

9.1.2　关于试验用水问题。水中含气对渗透系数的影响主要由于水中气体分离,形成气泡堵塞土的孔隙,致使渗透系数逐渐降低,因此,试验中要求用无气水,最好用实际作用于土中的天然水。本细则规定采用的纯水要脱气,并规定水温高于室温 3℃～4℃,目的是避免水进入试样因温度升高而分解出气泡。

9.1.3　渗透试验饱和均质黏土:浸泡 20h,抽气 1h,控制水头 200cm;人工填土:松散状态下,抽气 5～10min;密实土:浸泡 10～15h,抽气 20～30min,控制水头 100～120cm;砂填土:切样后立即放入,控制水头 10～20cm。

9.1.4　影响渗透性的因素:

(1)土的粒度成分及矿物成分,土的颗粒大小、形状及级配,影响土中孔隙大小及形状,因而影响土的渗透性。土颗粒越粗、越浑圆、越均匀,渗透性就越大。砂土中含有较多粉土及黏土颗粒时,其渗透性就大大降低。

土的矿物成分对于卵石、砂土及粉土的渗透性影响不大,但对于黏土的渗透性影响较大。黏土中含有亲水性较强的黏土矿物(如蒙脱石)或有机质时,由于它们具有很大的膨胀性,从而大大降低土的渗透性。具有大量有机质的淤泥几乎是不透水的。

(2)结合水膜的厚度。黏性土中若土粒的结合水膜厚度较厚,会阻塞土的孔隙,降低土的渗透性。如钠黏土,由于钠离子的存在,合黏土颗粒的扩散层厚度增加,所以透水性很低。

(3)土的构造。天然土层通常不是各向同性的,在渗透性方面往往也是如此。如黄土具有竖直方向的大孔隙,竖直方向的渗透系数要比水平方向大得多。层状黏土常夹有薄的粉砂层,它的水平方向的渗透系数要比竖直方向大得多。

(4)土中气体。当土孔隙中存有密闭气泡时,会阻塞水的渗流,从而降低土的渗透性。

10 固结试验

10.2.2 仪器设备校正,全自动气压固结仪,需从气压压力、百分表准确度及百分表与采集数据是否同步进行校正。

10.2.4 影响固结试验的因素:

1)土的颗粒成分、矿物成分和包含物。如粉细砂中包含淤泥质土,则淤泥质土越多,其压缩系数越大,压缩模量越小。土中含有亲水物质(蒙脱石)、有机质或泥炭质,因其吸水膨胀,孔隙较大,从而使其可压缩性变大。

2)土的构造。表层耕殖土因其含有植物根茎、有机质、土中气体等,从而使其可压缩性变大。蜂窝状结构粉砂因其孔隙较大,吸附水的能力变大,含水率变大,其可压缩性变大。

10.2.17 一般黏性土在主固结完成后,它的次压缩段至少在一二个时间对数循环内近似为一直线,该直线段的斜率,称为次固结系数。次压缩可用孔隙比变化或试样应变的变化表示。

10.3.2 快速固结试验法初始加荷荷载依密度而定,如 $\rho \leqslant 1.75 \text{g/cm}^3$ 宜从 25KPa 开始, $\rho > 1.75 \text{g/cm}^3$ 宜从 50KPa 开始,这样加荷避免流塑或淤泥被挤压破化。

固结试验有三种判稳方式:每小时变形量不大于 0.010mm、每小时变形量不大于 0.005mm 和 24 小时判稳。在实际工程应用中,采用全自动固结仪的宜用 0.005mm 或 24 小时来判断稳定,人工手动的固结仪宜采用 24 小时判断稳定标准为宜,来反算前面各级的稳定读数。

10.3.3 对快速法所得试验结果,应校正各级压力下试样的总变形量,校正计算方法除了本条款公式 10.3.3 提供的综合校正法外,还有次固结增量法。现在许多土工试验数据采集软件都提供了综合校正法和次固结增量法。上海市工程建设规范《岩土工程勘察规范》(DGJ08—37—2012)提供了次固结增量法,具体内容如下:

次固结增量法:将 2h 一级荷重的 $e \sim \log p$ 曲线,校正相当于 24h 一级荷重的 $e \sim \log p$ 曲线。

1 理论依据

黏性土在各级荷重下,次固结压缩指数 C_a 与相应荷重下的压缩指数 C_c 之间存在着单一的线性关系(见图1)。

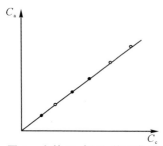

图 1　土的 C_a 与 C_c 关系曲线

$$\frac{C_{a1}}{C_{c1}} = \frac{C_{a2}}{C_{c2}} = \cdots\cdots = \frac{C_{aL}}{C_{cL}} \tag{1}$$

式中:C_{a1}、C_{a2} ……C_{aL}——各级荷重下土的次固结压缩指数和最后一级荷重下次固结压缩指数。

C_{c1}、C_{c2} ……C_{cL}——各级荷重下土的压缩指数和最后一级荷重下压缩指数。

次固结压缩指数定义:

$$C_a = \frac{\Delta e_i}{\log t_2 - \log t_1} \tag{2}$$

设 $t_1 = 2h$,黏性土主固结终了时间;

$t_2 = 24h$,慢固结稳定时间;

Δe_i 各级荷重下,2h 孔隙比与 24h 孔隙比之差。

将(2)式代入(1)式得:

$$\dfrac{\dfrac{\Delta e_1}{\log 24 - \log 2}}{C_{c1}} = \dfrac{\dfrac{\Delta e_2}{\log 24 - \log 2}}{C_{c2}} = \cdots\cdots = \dfrac{\dfrac{\Delta e_L}{\log 24 - \log 2}}{C_{cL}}$$

整理后得：

$$\frac{\Delta e_1}{C_{c1}} = \frac{\Delta e_2}{C_{c2}} = \cdots\cdots = \frac{\Delta e_L}{C_{cL}} \qquad (3)$$

利用公式（3），可以将 2h 一级荷重的 $e\sim\log p$ 曲线来推求相当 24h 一级荷重的 $e\sim\log p$ 曲线。

2 校正方法

1）进行 2h 一级荷重的固结试验，测定各级荷重下的变形量，并测定最终荷重下 24h 变形时的变形量。

2）绘制 2h 的 $e\sim\log p$ 曲线，并给出最终荷重下 2h 与 24h 孔隙比之差 Δe_L 见图 2。

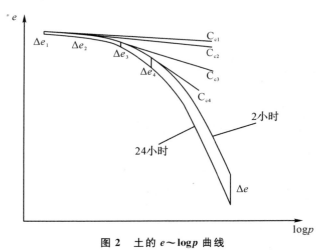

图 2　土的 $e\sim\log p$ 曲线

3）在 2h 的 $e\sim\log p$ 曲线上，各荷重点分别作切线，求出 C_{c1}，C_{c2}，C_{c3}，C_{c4} $\cdots\cdots C_{cL}$。

4）用公式（3）计算 Δe_1，Δe_2，Δe_3 $\cdots\cdots\Delta e_L$。

5）将 2h 的 $e\sim\log p$ 曲线减去对应的 Δe_1，Δe_2，Δe_3 $\cdots\cdots\Delta e_L$，修正成相当于 24h 的 $e\sim\log p$ 曲线。

11 直接剪切试验

11.1.1 用直接剪切试验确定土的强度参数 c 和 φ 的方法主要有三种,即快剪、固结快剪和慢剪。每种试验方法适用于一定排水条件下的土体,相应于工程所处的工作状态。因此,在选择试验方法时,应注意所采用的方法尽量反映土的特性和工程所处的工作阶段,并与分析计算方法相匹配。

11.1.2 直剪快剪和固结快剪适用于低含水率、不易排水的细粒土。对于高含水率的饱和软土,应采用三轴仪进行试验。由于目前三轴仪比较稀缺,仍需要采用直剪仪对饱和软土进行试验。为减少剪切过程中产生排水,本细则在 11.4.2 条第 2 款和 11.5.2 条第 2 款中,对饱和软土分别增加了提高剪切速率的规定。剪切速率是影响土的强度的一个重要因素,它从两个方面影响土的强度,一方面是剪切的快慢影响试样的排水固结强度,另一方面是对黏滞阻力的影响,剪切速率愈快黏滞阻力愈大,强度也愈大,反之亦然。不过在常规试验中,对于黏滞阻力的影响,通常不考虑。

细则中规定:快剪应在 3min～5min 内剪损,其目的就是为了在剪切过程中尽量避免试样的排水固结。然而,对于高含水率、低密度的土或渗透系数大于 10^{-6} cm/s 的土,即使再加快剪切速率,也难避免排水固结,因而对于这类土,建议用三轴仪测定其不排水强度。直接剪切仪的最大缺点是不能有效地控制排水条件。对渗透性较大的土,进行快剪试验时,所得的结果,用库仑公式表示时,具有较大的内摩擦角,且总应力强度指标往往偏大。

11.3.1 试样制备应按下列规定进行:

黏质土的抗剪强度与垂直压力的关系并不完全符合库仑方程的直线关系。对于正常固结土,在一般荷载(100kPa～400kPa)作用下,可以认为是直线关系。垂直荷载大小应根据预计土体所受的力来决定,也可按 100、200、300、400kPa 四级荷载施加。对于先期固结土,在选择垂直荷载时,应考虑先期固结压力 p_c 值,设计压力小于先期固结压力 p_c,施加的最大垂直压力不大于 p_c,设计压力大于先期固结压力 p_c,垂直压力应大于 p_c。

关于预固结稳定时间,浙江省工程勘察院对 8 个高含水率的软黏土样品进行不同时间的固结度测试与计算(见表 2),发现:①主固结完成 90％ 的时间(t90)不超过 30 分钟;②在不同压力下至 30 分钟左右时,总固结度达到 70％～80％,平均 76.1％;加载 64 分钟时总固结度达 80％ 以上,平均 83.8％;加载 6 小时总固结度达 95％ 以上,平均 96.1％;加载 8 小时平均总固结度达到 98％。因此,在细则 11.3.1 条第 4 款规定:预固结时间,每级施加时间间隔不得少于 0.5 小时,特别软的土不宜少于 1 小时;11.3.1 条第 5 款列入:或用固结时间来控制变形稳定,施加最后一级荷载后黏性土稳定时间不得少于 8 小时,粉土和砂性土不得少于 3 小时。

11.3.3 破坏值选定,常有两种情况:若剪应力～剪切位移关系曲线中具有明显峰值或稳定值,则取峰值或稳定值作为抗剪强度值。如图 3 中的曲线 1 及 2 的 a 点及 b 点,若剪应力随剪切位移不断增长,无峰值或无稳定值时(如图 3 中曲线 3),则以相应于选定的某一剪切位移相应的剪应力值作为强度值。国内一般采用最大位移为试样直径 D 的 1/15～1/10,即对于直径 61.8mm 的试样,其最大剪切位移量约为 4mm～6mm。法国中央土木试验室标准取剪切位移为 $D/10$,美国水道实验站试验标准取剪切位移为 $D/6$。本细则中规定取剪切位移为 4mm 时的剪应力值来确定抗剪强度,同时要求试验的剪切位移达 6mm。

以剪切位移作为选值标准,虽然方法简单,但从理论上讲不

表 2 饱和软黏土不同固结时间的土样变形量和总固结结度

样号/土名	固结压力 kPa	t_{90} 时间 min	30'25" 变形 mm	30'25" 总固结度 %	64' 变形 mm	64' 总固结度 %	4 小时 变形 mm	4 小时 总固结度 %	6 小时 变形 mm	6 小时 总固结度 %	8 小时 变形 mm	8 小时 总固结度 %	总变形量 mm	含水率 %	天然密度 g/cm³	孔隙比 —	塑性指数 %
K7-2 淤泥质黏土 4.55m	0−50	18.2	1.356	85.9	1.449	91.8	1.526	96.7	1.544	97.8	1.559	98.8	1.578	50.8	17.1	1.434	23.1
	50−100	27.9	0.448	69.2	0.522	80.7	0.605	93.5	0.621	96.0	0.633	97.8	0.647				
	100−200	19.2	0.563	72.9	0.634	82.1	0.718	93.0	0.738	95.6	0.753	97.5	0.772				
	200−400	14.0	0.864	79.4	0.940	86.4	1.029	94.6	1.053	96.8	1.069	98.3	1.088				
K7-3 淤泥 6.90m	0−50	12.8	1.404	84.7	1.478	89.2	1.574	95.0	1.605	96.9	1.626	98.1	1.657	58.3	16.2	1.697	24.2
	50−100	18.0	0.582	66.5	0.659	75.3	0.784	89.6	0.820	93.7	0.843	96.3	0.875				
	100−200	15.5	0.715	71.5	0.798	79.8	0.917	91.7	0.949	94.9	0.972	97.2	1.000				
	200−400	9.9	0.991	80.3	1.064	86.2	1.163	94.2	1.188	96.3	1.208	97.9	1.234				
K7-5 淤泥 11.45m	0−50	14.3	1.241	86.1	1.318	91.4	1.395	96.7	1.413	98.0	1.426	98.9	1.442	61.4	16.2	1.750	25.9
	50−100	22.1	0.498	68.2	0.573	78.5	0.670	91.8	0.694	95.1	0.710	97.3	0.730				
	100−200	19.0	0.692	71.6	0.781	80.8	0.897	92.8	0.924	95.6	0.942	97.4	0.967				
	200−400	13.3	1.012	79.7	1.098	86.5	1.204	94.8	1.228	96.7	1.247	98.2	1.270				

样号 土名	固结压力 kPa	t_{90} 时间 min	30'25" 变形 mm	总固结度 %	64' 变形 mm	总固结度 %	4小时 变形 mm	总固结度 %	6小时 变形 mm	总固结度 %	8小时 变形 mm	总固结度 %	总变形量 mm	含水率 %	天然密度 g/cm³	孔隙比 —	塑性指数 %
K8-4 淤泥 12.40m	0—50	10.8	0.900	83.6	0.959	89.1	1.028	95.5	1.045	97.1	1.061	98.6	1.076	63.6	16.1	1.805	27.2
	50—100	20.2	0.541	66.3	0.626	76.7	0.743	91.1	0.773	94.7	0.791	96.9	0.816				
	100—200	20.4	0.788	70.4	0.896	80.0	1.033	92.2	1.067	95.3	1.090	97.3	1.120				
	200—400	13.5	1.114	81.6	1.209	86.5	1.324	94.8	1.353	96.9	1.372	98.2	1.397				
K8-5 淤泥 14.75m	0—50	6.5	0.692	83.3	0.730	87.8	0.786	94.6	0.802	96.5	0.816	98.2	0.831	65.0	16.1	1.829	25.9
	50—100	13.9	0.524	60.0	0.613	70.1	0.757	86.6	0.798	91.3	0.829	94.9	0.874				
	100—200	24.1	0.935	67.9	1.071	77.7	1.266	91.9	1.309	95.0	1.343	97.5	1.378				
	200—400	15.2	1.225	78.6	1.338	85.9	1.473	94.5	1.508	96.8	1.530	98.2	1.558				
K20-3 淤泥质粉质 黏土 10.70m	0—50	18.8	1.148	85.4	1.227	91.2	1.300	96.6	1.318	98.0	1.330	98.9	1.345	51.0	17.1	1.411	16.5
	50—100	—	0.409	67.9	0.471	78.2	0.553	91.9	0.573	95.2	0.586	97.3	0.602				
	100—200	16.7	0.535	70.9	0.605	80.1	0.702	93.0	0.723	95.8	0.738	97.7	0.755				
	200—400	—	0.837	80.1	0.905	86.6	0.991	94.8	1.013	96.9	1.027	98.3	1.045				

样号 土名	固结压力 kPa	t_{90} 时间 min	30'25" 变形 mm	30'25" 总固结度 %	64' 变形 mm	64' 总固结度 %	4小时 变形 mm	4小时 总固结度 %	6小时 变形 mm	6小时 总固结度 %	8小时 变形 mm	8小时 总固结度 %	总变形量 mm	含水率 %	天然密度 g/cm³	孔隙比	塑性指数 %
K20-4 淤泥质粉质黏土 13.60m	0—50	9.7	1.360	90.8	1.406	93.9	1.461	97.5	1.475	98.5	1.485	99.1	1.498	53.2	17.6	1.376	15.8
	50—100	8.3	0.389	71.1	0.434	79.3	0.500	91.4	0.517	94.5	0.530	96.9	0.547				
	100—200	7.5	0.495	76.2	0.541	83.2	0.610	93.8	0.626	96.3	0.637	98.0	0.650				
	200—400	—	0.659	82.5	0.699	87.5	0.757	94.7	0.771	96.5	0.783	98.0	0.799				
K20-5 淤泥质黏土 16.30m	0—50	20.7	0.988	83.1	1.081	90.9	1.154	97.1	1.168	98.2	1.178	99.1	1.189	49.6	17.3	1.369	17.8
	50—100	25.1	0.406	68.5	0.470	79.3	0.550	92.7	0.567	95.6	0.576	97.1	0.593				
	100—200	21.9	0.548	71.3	0.622	80.9	0.712	92.6	0.735	95.6	0.748	97.3	0.769				
	200—400	—	0.854	80.2	0.928	87.2	1.015	95.4	1.036	97.4	1.049	98.6	1.064				
最大 t_{90} 时间		27.9															
平均总固结度				76.1		83.8		93.7		96.1		97.8					

太严格,因各种不同类型破坏时的剪切位移并不完全相同,即使对同一种土,在不同的垂直荷载作用下,破坏剪切位移亦不相同,因而只有在破坏值难以选取时,才允许采用此法。

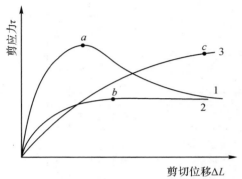

图3　剪应力与剪切位移关系曲线

11.4.2　直剪固快的预固结时间(以施加最后一级荷载时计),对于黏性土不宜少于6h,对于粉性土及砂土不宜少于4h。

针对固结快剪的剪切速率对饱和软土的影响,浙江省多家单位进行了测试比对试验(部分结果见表3、表4),针对宁波地区的饱和软土分别进行了速率为0.8mm/min、1.2mm/min以及2.4mm/min的固结快剪试验,并与本地区的地方经验以及三轴试验结果进行了对比,试验结果表明采用速率1.2～2.4mm/min的固结快剪试验更符合本地区的实际,因此本条文对饱和软土的剪切速率提出采用1.2～2.4mm/min进行。

表3 部分不同剪切速率固结快剪比对试验结果

试验单位	土样编号	含水率	密度	孔隙比	塑性指数	液性指数	固快			定名
							速率 mm/min	黏聚力 C(kPa)	摩擦角 φ(°)	
宁波冶金勘察设计研究股份有限公司	13-2	37.2	1.82	1.05	13.3	1.36	0.8	7.2	27.4	淤泥质粉质黏土
							1.2	8.7	24.2	
							2.4	9.4	23.2	
	24-3	37.7	1.79	1.1	15.9	1.1	0.8	8.5	22.8	淤泥质粉质黏土
							1.2	11	20.7	
							2.4	12.3	18.2	
宁波市交通设计研究院有限公司	1203	44.6	1.79	1.251	19.4	1.17	0.8	7.0	17.5	淤泥质黏土
							1.2	12.0	15.3	
	10501	50.2	1.72	1.401	20.4	1.36	1.2	13.0	16.3	淤泥质黏土
							2.4	14.0	13.2	
	0604	51.4	1.73	1.421	20.9	1.38	0.8	8.0	15.2	淤泥质黏土
							2.4	14.0	9.1	

试验单位	土样编号	含水率	密度	孔隙比	塑性指数	液性指数	固快		定名
							速率 mm/min	黏聚力 C(kPa) 摩擦角 φ(°)	
宁波宁大地基处理技术有限公司	1-1	53.8	1.69	1.494	17.3	1.9	0.8	3.5 17.5	淤泥质黏土
	1-2	52.6	1.68	1.489	17.1	1.86	0.8	2.0 17.1	淤泥质黏土
	4-3	53.7	1.7	1.486	19.4	1.64	1.2	6.6 16.1	淤泥质黏土
	5-1	50.8	1.7	1.439	18.8	1.55	1.2	6.8 14.6	淤泥质黏土
	12-1	52	1.68	1.488	18.8	1.61	2.4	8.0 11.3	淤泥质黏土
	12-2	50.4	1.7	1.424	17.6	1.66	2.4	6.5 12.0	淤泥质黏土
浙江省工程物探勘察院	515	52.2	1.69	1.462	21.3	1.28	0.8	4 21.2	淤泥质黏土
	528	52.4	1.64	1.542	22.6	1.18	1.2	7 15.4	淤泥
	542	52.8	1.68	1.486	23.9	1.1	2.4	12 9.3	淤泥
	516	59.1	1.66	1.62	24.9	1.28	0.8	8 19.7	淤泥质黏土
	529	59.2	1.61	1.715	25.6	1.24	1.2	10 14.3	淤泥
	541	57.8	1.63	1.658	25.4	1.2	2.4	13 9.4	淤泥

试验单位	土样编号	含水率	密度	孔隙比	塑性指数	液性指数	固快 速率 mm/min	固快 黏聚力 C(kPa)	固快 摩擦角 φ(°)	定名
浙江省工程勘察院	146-3	56	1.65	1.6	20.5	1.46	0.8	5.5	13.1	淤泥
							1.2	6.3	12.2	
							2.4	7.3	11.3	
	3-6	52.3	1.71	1.449	21.3	1.23	0.8	5.0	14.3	淤泥质黏土
							1.2	5.5	13.0	
							2.4	5.5	12.3	
	2	48.1	1.75	1.310	16.2	1.77	0.8	2	26.0	淤泥质粉质黏土
							2.4	13	13.5	
宁波市岩土工程有限公司	114-B45	40.4	1.8	1.137	18.8	1.01	0.8	14.1	9.5	淤泥质黏土
	114-B5	42.1	1.78	1.186	19.7	1.07	0.8	13.1	9.4	淤泥质黏土
	114-B10	40.6	1.79	1.16	21.3	0.82	1.2	23.4	10.1	黏土
	114-B19	40.8	1.79	1.163	21.8	0.83	2.4	23.3	10.1	黏土
	114-B23	43.4	1.77	1.228	23.4	0.84	2.4	22.9	10.3	黏土

试验单位	土样编号	含水率	密度	孔隙比	塑性指数	液性指数	固快			定名
							速率 mm/min	黏聚力 C(kPa)	摩擦角 φ(°)	
宁波工程学院	16-1	39.2	1.78	1.27	20.7	1.27	0.8	8.4	25.8	淤泥
							1.2	12.3	24.7	
	16-2	39.5	1.77	1.37	21.5	1.34	0.8	7.6	26.3	淤泥
							2.4	15.0	22.8	

表 4　软土直剪试验统计结果与三轴固结不排水试验统计结果比对

直剪固快试验				三轴固结不排水试验	
速率 0.8mm/min		速率 2.4mm/min			
黏聚力 C(kPa)	摩擦角 φ(度)	黏聚力 C(kPa)	摩擦角 φ(度)	黏聚力 C(kPa)	摩擦角 φ(度)
5.7	23.0	13.8	11.4	14.9	14.6

12 无侧限抗压强度试验

12.1 无侧限抗压强度适用于黏性土,主要指黏土。试验要求用接近Ⅰ级的土样,是考虑土样扰动对强度影响很大,研究表明,厚壁取土器采取的土样和薄壁取土器采取的土样相比,强度可以相差 30%～50%。

12.4.4 试样受压破坏时,一般分脆性破坏及塑性破坏两种。脆性破坏具有明晰的破裂面。而塑性破坏时没有破裂面。应力应变关系曲线也大致有两种:一种是具有峰值或稳定值的,另一种是不具有峰值或稳定值而是应力随应变渐增的。选择破坏值时,对于有明显峰值或稳定值的,以峰值或稳定值为抗压强度,对于没有峰值或稳定值的,以应变 15% 作为取值标准。原状土脆性破坏的土,天然结构经重塑后,它的结构凝聚力已全部消失,一般是塑性破坏,若以应变 15% 作为取值标准会偏大,因此,可以参考原状土破坏时的应变或曲线拐点后缘处(一般会落在 5%～7% 应变处)作为取值标准。

13 三轴压缩试验

13.1.1 由于试样直径 D 与试样土粒粒径 d 之比与强度有一定影响,如 D/d 比超过某一范围,则所测得的强度偏大,一般试样直径 D 与允许的最大土粒粒径对应关系见表5。根据 GB/T 24107.1 中关于应变控制式三轴仪所允许尺寸,三轴试验试样一般的直径分别为 $D=39.1mm$、$D=61.8mm$ 及 $D=101mm$,宁波地区各勘察单位实验室多采用华勘三轴试验仪器,其试验仪器试验直径为 $D=39.1mm$,为满足多样剪要求及保证试验成果的准确性,三轴试验宜采用 I 级土样进行试验,试样直径不宜小于 108mm,高度不宜小于 120mm。

表5 土样粒径与试样直径的关系(mm)

试样直径 D	最大允许粒径 d_{max}
39.1	$\dfrac{1}{10}D$
61.8	$\dfrac{1}{10}D$
101.0	$\dfrac{1}{5}D$

13.1.3 试验应制备3个以上土性相同的试样,在不同围压下进行试验,保证有3个摩尔圆连成包线。试验围压宜根据取土深度确定,避免出现人为的超压密土,造成黏聚力偏大,内摩擦角偏小的试验结果。

三轴压缩试验要求起始孔压系数 $B \geqslant 0.95$,是为了保证试样在饱和状态下进行试验;三轴 CU 试验要求排水固结,孔压消散达 95%,以保证试样固结完成。

13.6.1 一个试样多级加荷三轴试验仅限于无法切取多个试样的低灵敏度土。

宁波地区深层的硬塑土,由于含有姜结石等,无法切取多个试样,且灵敏度较低,因此可采用一个试样多级加荷试验。

对于软黏土及塑性大的土,细则建议不要用一个试样多级加荷三轴试验的方法。浙江省工程勘察院曾做过固结快剪一个试样多级加荷三轴试验方法(简称多级剪)与标准方法(简称多样剪)的对比试验研究,发现:

(1)对有剪切滑动面的软黏土,因多级剪的内摩擦角明显小于多样剪的内摩擦角,且试验很容易失败,故不适合多级剪。

(2)对无剪切滑动面的软黏土,因多级剪的影响因素复杂,试验较难控制,需要有一定试验经验与技巧,要在积累一定多样剪经验的基础上,经过慎重设计试验参数,可用多级剪代替。

14 静止侧压力系数试验

14.1.1 静止侧压力系数是土体在无侧向变形条件下,有效侧向应力与有效轴向应力之比。静止侧应力系数是用于确定天然土层的水平向应力以及挡土墙结构物在静止状态水平向应力的计算。根据静止侧压力系数的定义,在轴对称试样中 $\varepsilon_2 = \varepsilon_3 = 0$ 时:

$$K_0 = \frac{\sigma'_3}{\sigma'_1} = \frac{\sigma_3 - \mu}{\sigma_1 - \mu}$$

如果施加在试样上的轴向总应力 σ_1 保持不变,对于饱和土来说,开始时试样上的侧向总应力 σ_3 与 σ_1 之比接近1,随着排水固结的过程,总应力逐渐转换为有效应力。因此,用总应力表示的比值是逐渐减小的。但在整个实验过程,有效应力的比值基本保持常数,所以用有效应力定义静止侧应力系数。

14.1.2 在进行静止侧压力系数测定时,要求主应力方向是水平向和垂直向的,即试样的上、下面和侧面都是主应力面,不存在剪应力。本方法中三轴法主要采用等向固结的方式保持试样在加压过程中不发生侧向变形的条件;侧压力仪在施加轴向压力后试样不允许发生侧向变形,即轴向应变和体积应变相等,上述仪器的设计原理均满足静止侧压力系数的理论。

目前实验中较多采用的是侧压力仪进行试验,但随着近年国产三轴仪器的开发及普及,采用三轴法进行等向固结试验获取静止侧压力系数的方式逐步增加,另在进行三轴法测量基床系数时必须经过 K_0 的等向固结过程,即进行三轴法测基床系数时可以同步获得 K_0 指标。但三轴法进行等向固结试验获取静止侧压力系数的方法国内目前尚无相关规范。

14.2.1～14.2.2　侧压力仪的原理与密闭受压室相似。它与三轴仪的差别主要有二:其一是在试验过程中受压室的阀门关闭,液体密闭在受压室中,当增大轴向压力时,由于保持试样侧向不允许变形,受压室中的液体压力也增大;其二是加轴向压力的传压板直径与试样直径相等,试样受力发生压缩后,由于密闭受压室的容积仍保持不变,试样不可能发生侧向变形,轴向变形等于体积应变。用这种仪器测定静止侧压力,密闭受压室必须密封不漏水。密闭受压室外罩、量测密闭受压室液体压力的管路等装置,在承受压力后不应发生变形,否则将引起试样侧向变形。侧压力仪用压力传感器量测密闭受压室的液体压力,传感器应有足够的灵敏度,又要有相当的刚度,以免量测时变形较大而引起试样侧向变形。传感器应定期标定,测得电压或电阻与压力之间的关系,求得标定系数。密闭受压室中的液体,需要用纯水,以免水中溶解的空气使水的压缩性增大,受压后引起试样侧向变形。三轴仪在装样时应将孔压传感器前管路中的气柱排出。

14.3.1　黏土试验应按下列规定进行:

试样尺寸:侧压力仪的试样直径一般采用61.8mm,同环刀尺寸一致。试样的高度与直径之比不宜过大,尤其是黏质土,由于固结时间与试样高度有关,高度太大,所需的时间太长,而且在固结过程中,沿试样高度空隙水压力大小不等,虽然沿试样高度的平均侧向变形等于零,但是局部会发生侧向变形。试样高度减小,可以减少这种局部发生侧向应变的影响。但高度太小,试样上、下两端透水板摩擦作用对侧压力也会产生影响。根据经验,用侧压力仪测定静止侧压力系数,试样的径高比宜为1。

16 基床系数试验

16.1 基床系数是地基土在外力作用下产生单位变形时所需的应力,也称弹性抗力系数或地基反力系数。

目前基床系数还没有完整的现行试验方法,国标《城市轨道交通岩土工程勘察规范》(GB50307—2012)条文说明中提到的两种室内试验方法,即三轴仪法和固结试验计算法,也只是给出了思路或公式,并指出其与原位试验差距,需不断研究总结。本细则采用三种试验方法:K_0固结仪法、固结试验计算法、三轴仪法。

K_0固结仪法是一种得用现有K_0固结试验仪,优化加荷等级后完成K_0固结试验的同时,利用现有的测试数据绘制$P \sim S$曲线,参考K_{30}试验方法整理计算基床系数的一种室内试验方法。其中K_0固结仪法是浙江省工程勘察院根据近几年进行的室内与原位对比试验研究总结出来的。浙江省工程勘察院在宁波地区进行了专门的研究,进行了一系列的室内试验以及原位测试对比验证:

1 软土室内测试结果与原位测试结果的比较:

原位测试数据源于宁波福明路——宁穿路城市道路工程和春晓气田陆上终端项目的勘察资料,主要针对:①$_3$层灰色流塑厚层状淤泥质土,层厚2.5m～5.0m;②$_1$层灰色流塑厚层状或不明显薄层状淤泥质土,局部为淤泥,层厚4.5m～7.5m;②$_2$层灰色流塑薄层状淤泥质土,层厚4.0m～8.0m。

室内土工试验土样源自在扁铲侧试验孔(原位测试孔)邻近钻孔中采取的原状土样,试验方法采用K_0固结仪法,共完成对比分析试验的室内K_0仪基床系数K_h试验39组;静载荷试验5

个试验点。

各种试验值及计算值、规范参考值归纳于表 6-1。

表 6-1　各层软土室内试验值与标准水平基床系数、静载荷试验值之比较

层号	岩性名称	水平基床系数 K_h（MPa/m）	静载试验确定值 K_v（MPa/m）	规范参考值 K_h（MPa/m）	室内试验值 K_h（MPa/m）
①₃	淤泥质粉质黏土	$\dfrac{4.0 \sim 7.1}{5.2}$	$\dfrac{4.6 \sim 6.4}{5.5}$		$\dfrac{4.4 \sim 6.3}{5.3}$
②₁	淤泥质粉质黏土	$\dfrac{5.4 \sim 7.1}{6.1}$		$3 \sim 10$	$\dfrac{4.1 \sim 7.5}{5.4}$
	淤泥	$\dfrac{1.6 \sim 6.5}{3.8}$			$\dfrac{3.4 \sim 6.0}{4.7}$
②₂	淤泥质粉质黏土	$\dfrac{4.3 \sim 7.6}{6.6}$			$\dfrac{4.5 \sim 9.6}{6.7}$

注：$\dfrac{4.0 \sim 7.1}{5.2}$ 表示 $\dfrac{最小值 \sim 最大值}{平均值}$

上表中可以看出，室内试验基床系数值与扁铲侧胀求解出的 K_h 值基本吻合，与静载荷试验值基本一致，同时也在规范参考值范围内。

2　不同土类室内测试结果与规范参考值的比较：

室内试验数据来自宁波轨道交通 1 号线一期工程和 2 号线一期工程，分别是对表土层、浅部软土、深部硬土进行分类统计分析，去掉最大最小值各 10％后列于表 6-2，并与《地下铁道、轻轨交通岩土工程勘察规范》(GB50307—1999)提供的参考值进行比较。

表 6-2　不同土类室内基床系数试验值与规范参考值之比较

层号	土层特性及名称	统计样品数（个）	垂直基床系数 K_v（MPa/m）	水平基床系数 K_h（MPa/m）	规范参考值 K_v（MPa/m）
1	黄色软塑表土层（黏土、粉质黏土）	13	$\dfrac{9.7\sim12.7}{10.0}$	$\dfrac{7.5\sim20.5}{10.3}$	$8\sim15$
2	浅部灰色流塑淤泥	23	$\dfrac{2.6\sim5.2}{3.9}$	$\dfrac{3.1\sim5.2}{4.1}$	$3\sim5$
3	浅部灰色软塑黏土	13	$\dfrac{5.8\sim11.7}{8.0}$	$\dfrac{5.5\sim12.0}{7.6}$	$5\sim15$
4	浅部灰色流塑淤泥质黏土	39	$\dfrac{3.9\sim7.6}{5.4}$	$\dfrac{4.1\sim7.6}{5.8}$	$3\sim10$
5	浅部灰色流塑淤泥质粉质黏土	53	$\dfrac{4.1\sim9.7}{6.2}$	$\dfrac{4.2\sim9.9}{6.3}$	$3\sim10$
6	深部黄色软～硬塑黏土、粉质黏土	117	$\dfrac{11.0\sim40.1}{17.2}$	$\dfrac{10.7\sim22.6}{14.4}$	$10\sim70$

注：$\dfrac{9.7\sim12.7}{10.0}$ 表示 $\dfrac{最小值\sim最大值}{平均值}$

测试结果显示：室内试验与规范参考值之间基本吻合。

3 宁波表部可塑状黏土（硬壳层）不同试验方法结果与规范参考值的比较：

室内试验与原位测试数据源自宁波栎社机场扩建三期工程，并对测试数据进行尺寸修正，垂直基准基床系数测试结果见表 6-3，水平基准基床系数测试结果见表 6-4。

表 6-3　表层可塑状黏土垂直基准基床系数对比表

测试方法		测试值		修正值	
		范围	均值	范围	均值
K_{30} 载荷试验		30.4～42.4	34.9	30.4～42.4	34.9
平板荷载试验		11.5～21.8	18.3	30.8～58.4	48.9
室内三轴	切线法	16.9～40.0	26.0	2.2～5.2	3.4
	割线法	16.2～39.2	24.4	2.1～5.1	3.2
K_0 仪固结法		50.5～90.8	73.2	10.4～18.7	15.1
固结法	25～50Kpa	165.5～273.3	193.3	34.1～56.3	39.9
	50～100Kpa	130.6～212.1	171.7	26.9～43.7	35.4
规范值		10～25			

表 6-4　表层可塑状黏土水平基准基床系数 KH 统计表

测试方法	测试值		修正值	
	范围	均值	范围	均值
K_{30} 载荷试验	11.8～37.0	21.5	11.8～37.0	21.5
扁铲侧胀试验	117.4～184.4	137.6	23.5～36.9	27.5
K_0 仪固结法	61.7～93.7	79.2	12.7～19.3	16.3
规范值	12～30			

　　由表 6-3、表 6-4 测试成果可知,对于宁波地区表部普遍存在的硬壳层,采用 K_{30} 载荷试验、浅层平板载荷试验与固结试验得到的垂直基准基床系数均明显大于规范建议值;采用 K_{30} 载荷试验、扁铲侧胀试验、K_0 仪固结法得到的水平基准基床系数均与规范值取值相吻合。对于采用 K_0 仪固结法得到基准基床系数(垂直、水平),与固结法、三轴法相比,其值能与规范建议值较好地吻合,与原位测试方法相比,其数值偏小。建议可根据本地区经验选择试验方法。

　　16.3　固结试验计算法根据《城市轨道交通岩土工程勘察

规范》(GB50307—2012)条文说明提供的公式进行计算。固结试验计算法中固结压力没有明确规定,建议首级荷载不宜太大,一般取 $\sigma'_1 = 0.025\text{MPa}$,$\sigma'_3 = 0.050\text{MPa}$。

16.4 三轴试验测定基床系数的方法为:土样经饱和处理后,在 K_0 状态下进行固结,采用三轴固结排水试验(CD)得到 $\Delta\sigma'_3 / \Delta\sigma'_1 = (0, 0.1, 0.2, 0.3)$ 不同应力路径下的 $\Delta\sigma'_1 \sim \Delta h$ 曲线,其初始段直线(或指定段割线)的斜率。该方法由于操作复杂,对高灵敏度的软土,其结果容易受扰动影响以至于偏小。

17　砂的相对密度试验

17.1.1　砂的相对密度试验,是砂类紧密程序的指标。对于把土作为材料的建筑物和地基的稳定性,特别是在抗震性方面具有重要意义。相对密度试验适用于透水性良好的无黏性土,对含细粒较多的试样不宜进行相对密度试验,美国 ASTM 规定 0.075mm 土粒的含量不大于试样总质量的 12%。

17.1.2　相对密度试验中的三个参数即最大干密度、最小干密度和现场干密度(或填土干密度)对相对密度都很敏感,因此,试验方法和仪器设置的标准化是十分重要的。然而目前尚没有统一而完善的测定方法,故仍将原法列入。

本细则参考众多文献,最终在试样制备时规定选用代表性土样在 105℃～110℃下烘干过筛,筛孔要足够小,使弱胶结的土粒能分散。

有时试验所得的最小孔隙比要比自然孔隙比大,一般情况下是不可能的,但在特殊情况下也是可能的。如在某些地质作用下,可能使砂土得到紧密的排列,这种紧密程度用人工的方法是难以达到的,因此,当发现这种情况后,应研究其原因,并重复进行试验,加以验证。

18　击实试验

18.1　室内扰动土的击实试验一般根据工程实际情况选用轻型击实试验和重型击实试验。我国以往采用轻型击实试验比较多,水库、堤防、铁路路基填土均采用轻型击实试验;高等级公路填土和机场跑道等采用重型击实较多。重型击实仪的击实筒内径大,最大粒径可允许达到 20mm。击实试验中,当粒径大于 20mm 的颗粒含量小于 30% 时,对于土样中含有少量大于 20mm 的粒径,需要剔除时,应对最大干密度和最优含水率进行校正。

19 土的承载比(CBR)试验

19.1.1 本试验的目的是通过采用贯入法测定土在承受标准贯入探头贯入土中时相应的贯入阻力,求取扰动土的承载比。本试验方法只适用于室内扰动土的 CBR 试验。由于本试验采用的试样筒高为 166mm,除去垫块的高度 50mm,实际试样高度为 116mm,按三层击实,所以粒径宜控制为不大于 20mm 的土。

19.3.1 浸水膨胀按下列步骤进行:

1 为了模拟地基土的上覆压力,在浸水膨胀和贯入试验时试样表面要加荷载块,尽管希望能施加与实际荷载或设计荷载相同的力,但对于黏质土来说,特别是上覆荷载较大时,荷载块的影响是无法达到上述要求的。因此,规定施加 8 块荷载块(5kg)作为标准方法。

2 为预估土料在现场可能出现的最不利情况,贯入试验前一般要将试样浸水使之吸水,国内外的标准均以浸水四昼夜作为浸水时间,本细则也参照使用。当然,也可根据不同地区、地形、排水条件和工程结构等情况,适当改变浸水时间或不浸水,使试验结果更符合实际情况。

19.4.1 计算

1 公式中的分母 7000 和 10500 是原来以 kg/cm^2 表示时的 70 和 105 乘以换算系数($1kg/cm^2 \approx 100kPa$)而得。

2 绘制单位压力(p)与贯入量(l)的关系曲线时,如发现曲线起始部分呈反弯,则表示试验开始时贯入杆端面与土表面接触不好,故应对曲线进行修正,见本细则图 19.4.2,以 O' 点作为修正的原点。

20 振动三轴试验

20.1.2 振动三轴试验是室内进行土的动力特性参数测定时较普遍采用的一种方法。土的动力特性参数,取决于所选用的力学模型。在循环应力作用下,土的力学模型很多,但比较成熟、国内外应用较广的是等效黏弹性模型,需要确定动强度(或抗液化强度)及动孔隙水压力特性、动弹性模量和阻尼比特性以及动力残余变形特性等参数。主要包括三种试验:一是动强度(或抗液化强度)特性试验,确定土的动强度,用以分析动态作用条件下地基和结构物的稳定性,特别是砂土的振动液化问题;二是动力变形特性试验,确定剪切模量和阻尼比,用以计算土体在一定范围内引起的位移、速度、加速度或应力随时间变化等动力反应;三是残余变形特性试验,确定动力残余体应变和残余剪应变特性,用于计算动荷载作用下引起的永久变形。

振动三轴试验是应用圆柱形试样,在轴向与侧向均等或不均等压力下,通过轴向等幅周期循环荷载作用,测定应力、应变或孔隙水压力的变化,从而求得土的动力特性参数。试验过程中,不仅要模拟现场土体的静应力状态,而且还要模拟实际现场的排水条件,将实际不规则变化的地震波按震级大小进行等幅周期循环简化模拟,施加动荷载。

在采用单向激振式三轴仪进行试验时,为了模拟土体实际应力状态,必须考虑动孔隙水压力的影响。试验模拟条件应该尽量真实反映实际现场条件,并与采用的计算模型和分析方法相匹配。对于地震动力反应分析和抗震稳定分析来说,由于震前的试样在静力作用下已经固结,而在震动作用下,又因作用时间很短,相应于在基本不排水条件下施加了动剪应力,故动强度

（或抗液化强度)试验和动力变形特性试验建议在固结不排水条件下进行。

采用动力残余变形评价土工建筑物和地基的抗震安全性是近年来土工抗震设计和研究的发展趋势,根据目前一般采用的计算地震残余变形的方法,细则建议动力残余变形特性试验在固结排水振动试验条件下进行,对应于采用有效应力地震动力反应分析方法或实际工程排水条件较好的情况。

20.2.1 振动三轴仪按产生激振力的激振方式不同,分为惯性力激振式、电磁激振式、气动力激振式和液压伺服激振式。按控制方式不同,又分为常规手动控制式及计算机控制式。每种类型又有单向激振和双向激振之分。目前较多采用的是计算机控制的液压伺服单向激振式,因此本试验以液压伺服单向激振式振动三轴仪为例进行编写。

20.2.2 振动三轴仪在使用前应认真检查。孔隙水压力量测系统不漏水、不漏气,无气泡残存;加压系统的压力应保持稳定;各活动部件应灵活并进行摩擦修正。对激振部分要求波型良好,拉压两半周的幅值应基本相等,相差应小于 $\pm 10\%$;振动频率在 $0.1Hz \sim 10Hz$ 范围内可调;振动荷载在大应变时应基本稳定,增减变化小于 10% 单幅值;各传感器应满足有关要求。仪器设备的各组成部分均应定期标定;计算机控制的各种部件应连接准确。

20.3.1 试样制备应符合下列规定:

1 试样直径。本细则规定的尺寸,主要符合目前国内使用仪器的情况。试样的允许粒径分别为 2mm 和 5mm,个别超径颗粒的最大尺寸不能大于试样直径的 1/5。试样的高度以试样直径的 2 倍～2.5 倍为宜。

2 扰动土试样制备。要求成型良好,密度均匀,完全饱和,结构状态尽可能接近现场情况,试样制备是整个试验中最关键性的环节。

3 砂土试样制备。当前砂样成型均采用样模(对开或三瓣)、抽气(使橡皮内膜紧贴模壁,保证形状均匀,尺寸合格),并施加负压(使试样挺立,便于拆模和量取试样尺寸)等三个措施,效果良好。量取试样直径时,一般取上、中、下三个数据,必要时考虑橡皮膜厚度的校正。

为了达到密度均匀,常用在一定试模体积内装相应干砂量(取决于控制的密度)的方法控制。当干装或湿装时,常将按预定密度和体积计算称取的干砂或湿砂分成 $5 \sim 6$ 等份,每份填装于同密度相应的体积内,最后进行饱和。当直接填装饱和砂时,常用两种方法:一是将称取的砂样浸水饱和,再按一定方法(取决于要求的密度)正好装满预定的体积;另一是直接从盛有已备妥的饱和砂土的量杯中取砂装样,称装样前后量杯的质量,计算实际装入的干砂量。

对于一组试验中的各个试样,固结后的密度应基本接近于要求的控制密度。对填土宜模拟现场状态用密度控制。对天然地基宜用原状试样。

20.3.2 为了使试样获得较高的饱和度,常用的方法有以下几种:①用脱气水制样;②将砂煮沸;③抽气饱和;④用脱气水循环渗流;⑤采用二氧化碳加反压力饱和。这些提高饱和度的方法应该配合使用。二氧化碳饱和法主要利用二氧化碳比空气重,易溶于水的特性。这样,可以在安装好试样后,自下而上连接通入二氧化碳,使其尽量排除试样中可能残留的空气,接着再自下而上通入脱气水。此时,二氧化碳溶于水,原先由二氧化碳所占据的孔隙即可由水代替,达到饱和的目的。二氧化碳饱和法一般应用于要求制样密度较低砂土试验。反压力饱和是预先向试样内施加一定的压力,使残留在试样中的气泡压缩变小以致溶解于孔隙水中,达到增大饱和度的目的。反压力饱和可与上述各种饱和方法结合使用。

20.3.5 对于循环荷载作用下土的动强度,通常定义为达到某一指定破坏标准(一般取轴向应变达到某个值 ε_f)所需的动应力。因为有时间因素的影响,一般试验成果表示为破坏动应力比与破坏振次 N_f 的关系曲线。如果 N_f 值以按 H. B. Seed 对不同震级提出的等效循环次数来确定的话,即对 7 级、7.5 级和 8 级地震分别取 10 次、20 次和 30 次。如果取的破坏应变的标准不同,相应的动强度也就不同。可见,合理地确定这个破坏应变 ε_f 是讨论动强度的基础。但是破坏应变这个概念具有两方面的含义:一是试样达到真正破坏时相应的应变;一是从工程对象所能允许经受的破坏应变。前者从研究土性的变化出发,后者从研究工程对象稳定性出发。当然土体达到破坏时,由它做成的构筑物或地基自然发生破坏,所以上述两种含义基本一致。但是,土在各向不等压固结情况下受动荷作用时,变形常连续增长,而土体并无明显破坏的情况。此时,为了在设计上合理采用动强度指标,最好将两者联系起来确定不同建筑物设计时应该取用的破坏应变标准。为此,试验应提出不同破坏应变标准时的动强度曲线以供不同的建筑物设计时分析应用。此外,对饱和试样,一定的破坏标准还同一定的孔隙压力相联系,因此也可采用初始液化标准。

本细则提出的是目前比较通用的标准,在实践中也可根据土的性质、动荷载性质、工程运行条件及工程的重要性,选用其他应变标准,或在同时按几种标准进行整理,以供工程设计选用。试验比较表明,由于达到极限平衡标准时,一般应变都还未能较大发展,作为工程破坏标准过于保守,因此没有列入。

土的动强度(或抗液化强度)的试验结果大小还与动荷载的作用速度有关,因此试验振动频率应该根据动荷载的实际作用频率选取。由于实际动荷载,特别是地震荷载,是许多频率成分的组合,其频率为 2Hz~10Hz,属低频荷载。低频荷载的振动频率对动强度(或抗液化强度)的影响不显著。为了方便,对地震作用模拟,可以采用 1.0Hz。

当试验结束后,测定干密度时,采用如下方法:在拆样前排水并记录排水量,拆样过程中不要损失含水率,测定试样含水率,假定试样完全饱和,试验体积等于土颗粒体积与水体积之和,计算试样最终干密度。

20.3.6 本试验规定动弹性模量和阻尼比的测定是在不排水条件下施加动荷载,但其前提条件是在施加动荷过程中,试样上的有效应力不改变。因此,振动次数不宜过多,否则产生孔隙水压力使测得的动弹性模量偏低。本细则没有具体规定振动次数,一般是低于 5 次。采用一个试样进行试验时,由于试样在前一级动荷振动预定次数 N 时,将引起孔隙水压力的一定发展,此时进行第二级动荷下的振动,该孔隙水压力将影响第二级动荷下的变形,也就是每一级动荷下的变形将受到前面各级动荷的累积影响。因此,对砂土一般不建议采用多级加荷试验方法。对黏性土或其他孔隙水压力增长影响较小的情况,可采用一个试样逐级加荷试验。规定在一个试样多级加荷时,应对前一级荷载孔隙水压力排水固结后,再施加后一级荷载,并保证后一级荷载应该为前一级荷载的 2 倍以上。

同样,作为低频荷载的地震荷载,振动频率对动模量和阻尼比的影响不显著。

20.3.7 动力残余变形特性试验,主要目的是确定目前普遍采用的基于应变势概念基础之上的地震永久变形分析方法所需参数。固结条件和循环荷载幅值一定时,动力残余变形的大小还与循环次数有关。按 H. B. Seed 提出的震级～等效循环次数对应关系,实际地震荷载的等效循环次数罕有超过 50 次。为了一个试验,能整理出对应不同震级(或等效循环次数)下的动力残余变形,建议每次振动不超过 50 次。

由于先期振动对动力残余变形特性影响显著,一般不允许采用一个试样逐级加荷进行试验的方法。

振动频率对动力残余变形试验结果的影响,主要体现在试验过程中试样是否能充分排水，不累积残余孔隙水压力，应根据土的渗透性及试样尺寸选定。

20.4.2 动强度（或抗液化强度）的试验成果一般表示为一定的密度、一定的固结比及一定侧向固结压力下的动剪应力比τ_d/σ'_0与破坏循环次数N_f的关系曲线。这是因为，对于某些砂土，σ'_0可以对动剪应力与破坏循环周次关系曲线进行归一。即在同一固结应力比下，不管σ'_0的大小，试验点基本落在同一条$\tau_d/\sigma'_0 \sim N_f$曲线上。这说明在通常的固结压力范围内，液化应力比与循环振动次数有关，与固结压力无关，利用这一特点，在某一固结应力比下，可只选用一个或较少的侧向固结压力进行液化试验。

然后，在此关系曲线的基础上，根据不同要求，对土的动强度成果整理出不同的参数。

由于土的动抗剪强度与静抗剪强度不同，不仅与法向应力大小有关，而且与振次、初始剪应力有关，所以在整理试验成果时，采用绘制某一振次下不同初始剪应力比时的总剪应力与潜在破坏面上法向应力关系曲线，进而确定总应力抗剪强度指标。这种整理方法概念上比较合理，实际应用也较广，因此细则列入这一整理方法。当然，也可根据具体的工程问题及分析方法采用其他的整理方法，确定相应的动强度（或抗液化强度）参数。

此外，有效应力分析土体动力反应和抗震稳定性，既是发展趋势，有些情况还必须考虑地震引起的动孔隙水压力的影响，因此需要测试并整理土的动孔隙水压力特性曲线和参数，这里建议的是目前国内外应用较广的表示和整理方法。

20.4.3 地震荷载作用时，土体上反复作用着剪应力，使土体产生动应变，而土具有非线性和滞后性，在一个循环振动周期内的应力应变关系曲线，将是一个狭长的封闭滞回圈。对于这种特性，广泛采用等效割线动弹性模量和阻尼比来表达土的应力应变关系。在振动三轴试验中，施加轴向动应力，测定轴向动应变时,同样可以绘出每一周的滞回曲线,以此求得动模量和阻尼比。

研究表明,在以平面波方式传播时,土的最大动剪模量只与在质点振动和振动传播两个方向上作用的主应力有关,而几乎不受作用在垂直振动平面上的主应力影响。对三维问题,最大动剪模量与三个方向上的主应力有关。因此,在整理最大动剪模量或最大动弹性模量与有效应力的关系时,对二维和三维问题,应采用不同的整理方法。

20.4.5 振动三轴试验条件下的动力残余变形特性试验结果,一般表示为一定的密度、一定的固结比及一定侧向固结压力下的残余剪应变及残余体应变与循环次数 N 的关系曲线。在此基础上,可根据所采用的残余剪应变模型、残余体应变模型及地震永久变形分析方法,整理出相应的关系曲线和模型参数,细则仅建议了最基本的整理方法。

21 热物理试验

21.1 岩土热物理参数导热系数、比热容、导温系数三者关系为：

$$\alpha = 3.6 \frac{\lambda}{C\rho}$$

式中：α——导温系数（m^2/h）；

ρ——试样密度（kg/m^3）；

λ——导热系数（$W/m \cdot K$）；

C——比热容（$kJ/kg \cdot K$）。

导热系数测试分为瞬态法（非稳态法）、稳态法两大类，比热容则采用热平衡法。三个参数中一般通过实测两个参数，导出第三个参数。

本细则列入面热源法导热系数测试（瞬态法）、平板热流计法导热系数测试（稳态法）、比热容测试（热平衡法）。

本细则在编写过程中参考了下列材料：

《城市轨道交通岩土工程勘察规范》（GB 50307—2012）；

《非金属固体材料导热系数的测定　热线法》（GB/T 10297—1998）；

《绝热材料稳态热阻及有关特性的测定　热流计法》（GB/T 10295—2008）。

21.2 瞬态平面热源法是一种精确、方便、快速的方法，是由热线法中平行热线发展而来的一种新技术。该方法采用双螺旋结构的平面探头，用合金薄片刻蚀而成。测量时，平面探头要放置在两个样品之间，探头既是热源，又是传感器。样品不需要特别的制备，对样品形状也无特殊要求，只需相对平滑的样品表面并且满足长宽至少为探头直径的两倍即可,该探头直径15mm。实验选择两个形状为长方体的样品。

面热源法导热系数测试采用的原理是,上下样品中夹入具有连续双螺旋结构作为加热和温度传感器的薄层圆盘形探头,在探头上通过恒定输出的真电流,由于温度的增加,探头的电阻发生变化,从而在探头两端产生电压下降,通过记录一段时间内电压和电流的变化,较为精确地得到探头和被测样品中的热流信息,再通过一系列计算求得导热系数和导温系数。

21.2.2 导热数据测试时间一般为2min,导热系数高的试样和易产生对流的试样测试时间要短,采样间隔一般100ms能满足要求。调零电流设置一般不大于2mA,避免试验前大电流对探头提前加热,影响后面的测量结果。测试电流设置一般使温升不超过3℃。

试样尺寸选择的标准是尽可能地减少外表面对测量结果的影响。试样的大小应满足从探头的双螺旋的任何部分到试样外表的任何部分的距离大于双螺旋线的平均直径的要求。对导热系数大的试样,其试样尺寸要求更大。

试样与探头接触的表面应当是平整、光滑的,试样应紧贴夹住探头两侧的表面。测试过程中,当时间对数～温度曲线不光滑、曲线后段翘起和曲线后段走平时应立即停止测试,重新测定。当出现曲线不光滑情况时,可能是试样与探头接触不良;当出现曲线后段翘起情况时,可能存在试样尺寸偏小;当出现曲线后段走平情况时,可能是测试电流偏小。

本方法使用时要注意探头不能空烧,另外重复实验时,前后时间间隔不能少于30分钟。

试样的导热系数,应按下式计算:

$$\lambda = \frac{-q}{4\pi\theta}E_i\left(-\frac{r^2}{4\alpha t}\right)$$

$$\theta = T - T_0$$

式中:λ——导热系数(W/m·K);

      θ——探头温升(℃);

      T——时刻探头温度(℃);

      T_0——探头初始温度(℃);

      q——加热功率(W);

      α——扩散系数;

      r——测试径向位置。

E_i 为指数积分函数,其表达式为:

$$E_i(-\mu) = C + \ln(\mu) - \mu + \frac{\mu^2}{2 \times 2!} - \frac{\mu^3}{3 \times 3!} + \cdots$$

其中 $\mu = r^2 4\alpha t$,当 $r^2 4\alpha t \ll 1$ 时,可用其前两项表示,从而得到:

$$\theta = \frac{q}{4\pi\lambda}\Big[-C - \ln\Big(\frac{r^2}{4\alpha t}\Big)\Big]$$

其中欧拉常数 $C = 0.57726$。对上式两端取微分可得到试样导热系数:

$$\lambda = \frac{q}{4\pi} \Big/ \frac{d\theta}{d\ln t}$$

21.3 平板热流计法的导热系数测试原理:当热板和冷板在恒定的温度和恒定温差的稳定状态下,热流计装置在热流计中心测量区域和试件中心区域建立一个单向稳定热流密度,该热流穿过一个(或两个)热流计的测量区域及一个(或两个接近相同)的试件的中间区域。通过测量热流、试件两面恒定温差和试件长度,推算出试样的导热系数。

平板热流计法的导热系数测试属于稳态法,是经典的导热系数测试方法。由于原状土比普通材料含水率要高许多,样品两面长时间存在温度差,会导致样品内水分转移。为此,浙江省工程勘察院专门做了对比试验研究,相关试验结果如下:

(1)测试后试样含水率分布差异

为了了解水分转移情况,将测试后试样分上、中、下三部分分别进行含水率测定,结果如表 7-1:

表 7-1　土样测试前后含水率对比表　　　　单位:%

样号	土名	测试前	测试后		
			上部	中部	下部
Z2-5	淤泥	56.96	50.16	54.55	56.83
ZG7-7-2	淤泥质黏土	51.67	45.96	51.67	51.01
GQ-Z07-5	淤泥质黏土	50.06	44.58	48.4	44.88
1-1	黏土	21.89	21.38	21.73	20.96
S4BZ5-12	粉质黏土	27.89	27.59	27.70	27.89
ZG26-1-5	粉质黏土	33.13	32.79	33.13	33.03
WX-Z26-10	粉土	32.7			
XZ61-2	粉砂	28.0			

测试结果显示,大部分土样同内部不同部位含水率有微小差异,个别高含水率的样品局部变化较大,说明平板热流计法测试过程中,水分转移现象确实存在,但只是少量水分的转移。

(2)测试后试样重复多次测试

对测试后试样进行重复多次测试,通过试样质量(水分)减少推测含水率变化规律(表 7-2),同时分析水分减少对导热系数影响的变化规律(表 7-3)。

表 7-2　土样重复测试前后含水率变化对比表　　　　单位:%

样号	土名	测试前	重复测后减少			
			第 1 次	第 2 次	第 3 次	第 4 次
Z2-5	淤泥	56.96	0.00	2.27	3.24	4.22
ZG7-7-2	淤泥质黏土	51.67	0.00	0.45	1.35	2.70
GQ-Z07-5	淤泥质黏土	50.06	1.05	1.66	1.81	1.81

样号	土名	测试前	重复测后减少			
			第1次	第2次	第3次	第4次
1-1	黏土	21.89	0.63	0.94	1.15	2.19
S4BZ5-12	粉质黏土	27.89	0.22	0.67	1.33	1.44
ZG26-1-5	粉质黏土	33.13	0.81	1.04	1.04	1.50
WX-Z26-10	粉土	32.7	1.19	1.42	2.37	
XZ61-2	粉砂	28.0	2.37	2.37	4.39	

由表 7-2 测试成果可以看出,重复测试后含水率减少量在最初第 1 次和第 2 次,黏性土为 1％以内和 2％以内,粉土和粉砂超过 1％和 2％。表明平板热流计法测试过程中,粉砂、粉土丢失水分最多,其次为高含水率软土,其余的一般黏性土丢失水分较少。

表 7-3　土样导热系数重复测试结果对比表　单位:W/m·K

样号	土名	平行样	重复测试样			
			第1次	第2次	第3次	第4次
Z2-5	淤泥	1.264	1.244	1.152	1.198	1.165
ZG7-7-2	淤泥质黏土	1.311	1.137	1.244	1.215	1.139
GQ-Z07-5	淤泥质黏土	1.258	1.224	1.213	1.273	1.238
1-1	黏土	1.701	1.667	1.738	1.714	1.597
S4BZ5-12	粉质黏土	1.751	1.640	1.623	1.708	1.555
ZG26-1-5	粉质黏土	1.363	1.468	1.491	1.507	1.453
WX-Z26-10	粉土	1.636	1.740	1.753	1.695	
XZ61-2	粉砂	1.652	1.641	1.733	1.729	

从表 7-3 测试成果可以看出,重复测试多次后,导热系数并没有增大或减小的变化趋势,各类土的测试结果的重现性都比

较好,说明测试过程中水分转移及含水率微小变化对导热系数测试结果基本没有影响。

　　根据上述测试结果,发现在 60℃ 以下的密闭环境中,①土样水分转移很有限;②而且同一试样通过多次重复测试,其测试结果很稳定。因此,平板热流计法也是一种比较理想的土样导热系数测试方法。

　　21.4　比热容测试方法采用的方法是冷却混合法,其原理是以水作为标准介质,利用热能守衡法则,将岩石或土试样升高到一定的温度,使试样与介质水之间有一个温度差,形成一定的温度梯度,由于温度梯度的存在,能量就会从高温物体即岩石或土转移到低温物体水中,而能量转移的过程中热能的总量保持不变,即 $Q_{吸}＝Q_{放}$。从而通过测定已知重量的水的初温,待测岩(土)试样的初温,及两者混合冷却,温度恒定后,水岩(土)混合物的热容变化,进而计算出被测岩(土)试样的比热容。

22 人工冻土试验

22.2.1 随着冻结时间的增加,各地层试样温度由初始时刻温度开始逐渐降低,达到最大负温,随后出现热电势跳跃,试样温度趋于稳定,该值即为相应地层的冻结温度。宁波地区典型土层的冻结温度如表8所示。

表8 各土层冻结温度汇总表

土层编号	土层名称	平均密度（g/cm³）	平均含水率（%）	土层平均冻结温度(℃)
①₃	淤泥质黏土	1.75	47.7	−0.07
②₂₋₁	淤泥	1.71	50.45	−0.11
②₂₋₂	淤泥质黏土	1.76	48.6	−0.34
②₃	淤泥质粉质黏土	1.83	36.26	−0.31
②₄	淤泥质黏土	1.74	48.30	−0.50
③₁	粉土夹粉砂	1.98	28.29	−0.27
③₂	粉质黏土	1.88	32.51	−0.32
④₁	淤泥质粉质黏土	1.76	41.3	−0.59
④₂	黏土	1.79	43.87	−0.78
④₃	粉质黏土	1.93	28.5	−0.38
⑤₁	黏土	1.95	31.5	−0.75
⑤₂	软～可塑粉质黏土	1.94	31.65	−0.55
⑤₃	砂质粉土	1.86	32.8	−0.40

22.2.2 条件具备时,可采用数据采集仪,自动测试土体的温度变化。

22.4.2 冻土密度是计算土的冻结或融化深度、冻胀或融沉、冻土热学和力学指标、验算冻土地基强度等需要的重要指标。测定方法有四种,其中浮称法适用于各类冻土;联合测定法适用于砂土和层状网状构造的黏质冻土,尤其是在无烘干设备的现场或需要快速测定密度和含水率时可采用本方法;环刀法适用于温度高于-3℃的黏质和砂质冻土;充砂法适用于试样表面有明显孔隙的冻土。考虑到宁波轨道交通旁通道工程人工冻土涉及的土层主要的黏土、淤泥质土,粉土、粉质黏土等,冻结设计温度不高于-5℃,故不建议采用环刀法和充砂法。

22.4.3 考虑到国内不少单位没有低温试验室,故规定无负温环境时应保持试验过程中试样表面不得发生融化,以免改变冻土的体积。

22.4.4 整体状冻土的结构一般比较均匀,故要求平行试验差值为 0.03g/cm³ 。

22.4.7 浮称法是根据物体浮力等于排开同等体积液体的质量这一原理,通过称取冻土试样在空气和液体中的质量算出浮力,并换算出试样体积,求得冻土密度。

22.5.3 导热系数的稳定态法和非稳定态法中,稳定态法测定时间较长,但试验结果的重复性较好。基于稳定态比较法应遵循测点温度不随时间而变化的原则,但实际上很难做到测点温度绝对不变,因此规定连续次同一点测温差值小于 0.1℃ 则认为已满足方法原理。

22.10.4 融化压缩仪和加荷设备应定期校准,并做出仪器变形量校正曲线或数值表。

23 土的化学试验

23.1.1 本细则只列入"有机质试验——灼失量法",是为了适应土的工程分类和应用,本方法适用于有机质含量大于 5％ 的土,对于其他方面的需求,或有机质含量较低的土,应采用重铬酸钾容量法,参照《土工试验方法标准》(GB/T50123—1999)。

23.1.3 灼失量是全量分析的一个组成部分。它不包括毛细水,仅包括有机质和结合水,石灰性土不包括二氧化碳(由碳酸盐所产生)。因此,必须用烘干土做灼失量测定。

关于灼失量的灼烧温度,有文献采用 550℃ 或 700℃,也有采用 950℃ 的,本细则为了与《工程建设岩土工程勘察规范》(DB33/1065—2009)和《宁波市轨道交通岩土工程勘察技术细则》(2013 甬 SS—02)统一,采用灼烧温度为 550℃;有机质含量 Wu 按灼失量试验确定,土样分类定名按《工程建设岩土工程勘察规范》(DB33/1065—2009)执行。

本细则只收录了有机质含量试验灼失量法,但《土工试验方法标准》(GB/T50123—1999)只有重铬酸钾容量法测定,因此,有机质含量试验灼失量法与重铬酸钾容量法到底哪种合理,两种方法有何区别等疑问一直存在。浙江省工程勘察院对此做了相关对比试验研究,对宁波及周边地区的浅部土层中,选取有机质含量高低不同的一组 23 个土样,包括表层黄色黏土、粉质黏土及浅部灰色淤泥质土、泥炭质土及泥炭等土样,分别按上述两种不同方法对比测定有机质含量(以下将两种方法的测试结果统称为有机质含量)。测试结果见图 4。

研究的结论为:

(1)通过重铬酸钾容量法与灼失量法对比试验发现,灼失量

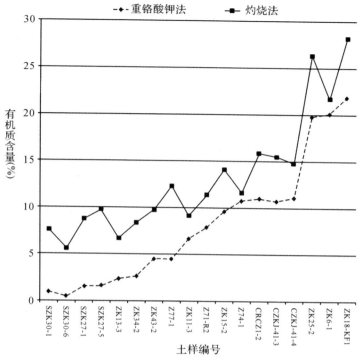

图4　两种方法有机质含量比较图

法测得结果高于重铬酸钾法,有机质含量低时(Wu<5%),两种方法测得结果差别较大,一般高出数倍不等,因此《工程建设岩土工程勘察规范》(DB33/1065—2009)中指定的灼失量法,在有机质含量低(Wu<5%)时并不合适;有机质含量 Wu 在 5%～15%时,两种方法测定结果相差较小,但仍有不小差距。

(2)由于灼烧法一般是比较粗略估计有机质含量的试验方法,重铬酸钾容量法则是比较精确的测试方法,建议有机质含量 Wu 在 15%以下,特别是 10%以下时,宜采用重铬酸钾容量法;有机质含量 Wu 在 15%以上,可采用灼失量法。

(3)由于重铬酸钾容量法测得的有机质偏低,一般只有有机质实际含量的 90%。因此,建议在进行土的工程分类判定资料或评价时,对重铬酸钾容量法有机质含量测定结果乘以1.1以上校正因素加以校正。本次对比分析的样品仅限于宁波及周边地区,同时存在样本数量偏少的缺陷。

23.2.1 pH值的测定可用比色法、电测法。但比色法不如电测法方便、准确,而电测法测定酸碱度是目前常用的方法。酸度计是一种以pH值表示读数的电位计,用它可以直接读出溶液的pH值。

23.2.5 土悬液的土水比例的大小,对测定结果有一定的影响。土水比例究竟用多大比较适宜,目前尚无结论,国内外也不统一,但用1:5的比例较多。本细则也采用1:5的比例,振荡3min,静置30min。

23.3.2 用水浸提易溶盐时,需要选择适当的土水比例和浸提时间。力求将易溶盐完全溶解出来,而尽可能不使中溶盐和难溶盐溶解。同时要防止浸出液中的离子与土粒上吸附的离子发生交换反应。由于各种盐类在水中的溶解差异悬殊,因而利用控制土水比例的方法是有可能将易溶盐、中溶盐和难溶盐分离开来的。从土中易溶盐的含量和组成比例而言,加水量少较好。但由于加水量少,给操作带来一定困难,尤其不适用于黏土。国内普遍用1:5的土水比例。

关于浸提时间,在同一土水比例下,浸提的时间不同,所得结果亦有差异。浸提时间愈长,中溶盐、难溶盐被溶提的可能性愈大,土粒和水溶液间离子交换反应亦显著。所以浸提时间宜短不宜长。研究表明:对土中易溶盐的浸提时间2min～3min即可。为了统一,本细则采用的浸提时间均为3min。

浸出液过滤问题是该项试验成败的关键。试验中经常遇到过滤困难,需要很长时间才能获得需要的滤液数量,而且不易获得清澈的滤液,目前采用抽滤方法效果较好,且操作简便。

23.3.4 当烘干残渣中有较多的钙、镁硫酸盐存在时,在105℃～110℃下结晶水难以蒸发,会使结果偏高,应改为180℃

烘干至恒量,并注明烘焙温度。

当烘干残渣中有较多的吸湿性强的钙、镁氯化物存在时,将难以恒量。可在浸出液内预先准确加入 2% 碳酸钠(Na_2CO_3)溶液 10mL～20mL,使其转变为钙、镁碳酸盐,在 180℃ 下烘至恒量,并做一个加 2% 碳酸钠溶液的空白试验,所加入的碳酸钠量应从烘干残渣总量中减去。

23.4 碳酸根(CO_3^{2-})和重碳酸根(HCO_3^-)用双指示剂中和滴定法测定。该法是利用碱金属碳酸盐和重碳酸盐水解时碱性强弱不同,用酸分步滴定,并以不同指示剂指示终点,由标准酸液用量算出碳酸根和重碳酸根的含量。

碳酸根和重碳酸根的测定应在土浸出液过滤后立即进行,否则将由于二氧化碳的吸收或释出而产生误差。

硫酸标准溶液也可用标定过的氢氧化钠标准溶液标定,也可以用盐酸(HCl)标准溶液代替硫酸标准溶液。当 CO_3^{2-} 含量高时,用酚酞指示剂,结果易偏高,应采用百里酚蓝—甲酚红 1:6 混合指示剂,由深紫色转为玫瑰色微带蓝色为终点。

23.5.3 氯根(Cl^-)采用硝酸银滴定法测定,以铬酸钾为指示剂。该法是根据铬酸银与氯化银的溶解度不同,以铬酸钾为指示剂用硝酸进行氯根滴定时,氯化银首先沉淀,待其完全后,多余的银离子才能生成砖红色铬酸银沉淀,此时即表明氯根滴定已达终点。

由于有微量的硝酸银与铬酸钾反应指示终点,因此需进行空白试验以减去消耗于铬酸钾的硝酸银用量。当试样中有硫化物、亚硫酸盐存在时,加入 3% 过氧化氢 2 毫升进行滴定。

23.6.1 硫酸根(SO_4^{2-})采用 EDTA 络合滴定法是用过量的氯化钡使溶液中的硫酸根沉淀完全,再用 EDTA 标准溶液在 pH≈10 时以铬黑 T 为指示剂滴定过量的钡离子,最后由消耗的钡离子计算硫酸根含量。比浊法是使氯化钡与溶液中硫酸根形成硫酸钡沉淀,然后在一定条件下使硫酸钡分散成较稳定的悬浊液,在比色计中测定其浊度,按照浊度查标准曲线便可计算硫酸根的含量。

23.7.1 比浊法适合较低含量硫酸根的测定,如试样中硫酸根含量较高,应采用 EDTA 络合法。

23.7.4 浸出液中有较大色度时,对结果有影响,应事先除去。一批样品测定的摇匀时间、方法及速度这些条件一经确定,则在整批样品中不应改变。比浊法适用于硫酸根含量小于 $40mg \cdot L^{-1}$ 的试样,因大于 $40mg \cdot L^{-1}$ 时,标准曲线即向下弯曲,且悬浊液亦不稳定。当试样中硫酸根含量较高时,可稀释后测定。在比浊法操作中,沉淀搅拌时间、搅拌速度、试剂的用量等需严格控制,否则将会引起较大的误差。

23.9.4 在钙镁测定中,测定钙离子时溶液的 pH 值必须控制在 12 以上,使镁离子沉淀为氢氧化镁,以免影响钙离子的滴定。加氢氧化钠使镁沉淀完全后,应及时滴定,以免溶液吸收二氧化碳而生成碳酸钙沉淀,延长滴定终点。当试样中含有铁、铝时,应加 15% 的三乙醇胺溶液 5 毫升。

23.10.4 在 pH＝10 条件下,以铬黑 T 等为指示剂,用 ED-TA 标准溶液滴定钙离子、镁离子合量,从合量中减去钙离子含量而求出镁离子含量。当试样含有铁、铝等金属元素时,参照钙离子测定方法处理。

23.12.4 用火焰光度计测定钠离子和钾离子,激发状况的变化是导致误差的重要原因,因此,试验过程中必须使激发状况稳定。试液中其他成分的干扰也是产生误差的原因,为此,绘制标准曲线时,配制标准溶液所用的盐类,应与土样的主要盐类一致。

23.13.1 中溶盐是指土中所含的石膏($CaSO_4 \cdot 2H_2O$)。本试验是测定土中石膏含量。以一千克(1kg)烘干土(在 105℃～110℃下恒重)中所含的石膏的克(g)数表示。当土中石膏含量很高时,以 55℃～60℃烘干或风干土计算为宜。

浸提土中石膏的方法有水浸法和酸浸法。由于水浸法较为费时，且难以溶解完全。本细则规定采用酸浸－质量法，适用于含石膏较多的土样。该法利用稀盐酸为浸提剂，使土中石膏全部溶解，然后利用氯化钡为沉淀剂，使浸提出的碳酸根沉淀为硫酸钡，沉淀经过滤、洗涤后灼烧至恒量，按硫酸钡的质量换算成石膏的含量。

23.13.4 用盐酸浸提石膏时，若土中含有碳酸钙，应在加酸待溶液澄清后立即用倾析法过滤，再加酸处理土样，反复进行至无二氧化碳气泡产生为止，静置过夜。如果试验前试样预先进行洗盐，应舍弃不计。

23.14.1 土中难溶盐是指钙、镁的碳酸盐类。本试验是测定难溶的碳酸盐类在土中的含量。以 1kg 烘干土所含碳酸的克数（$g \cdot kg^{-1}$）表示。

土中的碳酸钙测定有多种方法，本细则中所列的气量法是较粗的方法，适合大批试样的粗略测定。该法对土中的碳酸钙用盐酸分解，测量释出的二氧化碳的体积，乘以二氧化碳的密度，求出二氧化碳的质量，再乘以换算系数 2.272，便可算出碳酸钙的含量。

23.14.4 气量法试验应按下列步骤进行：

1 试验前应检查试验装置是否漏气。读数时保持三管水面齐平是为了使两个量管所受压力均为 1 个大气压；

2 气量法受温度影响，特别是广口瓶与量管连接右肢尤甚。因此，需用长柄夹子夹住广口瓶，即使摇动也不要用手接触量管连接肢，以免人的体温影响气体体积。